U0162286

梅文鼎全集

第七册

（清）梅文鼎 著
韓琦 整理

黄山書社

曆算叢書輯要卷五十六下

宣城梅文鼎定九甫著

門人楚南劉著允恭學

孫　瑴成循齋甫

　　玕成肩琳甫　重校錄

曾孫　鈖二如甫

　　鈚用和甫同校字

　　鈁導和甫

五星管見

論五星歲輪

五星與日皆東出而西沒，宗動天之所運也。土木火三星在太陽上而近宗動，故其左旋速于日，每日有所差之分，即歲輪心之平行也。

五星與太陽有定距。歲輪心既爲宗動所掣。漸離太陽而西。則星不得不自歲輪之中綫即平行度。漸移而東以就日。而星既在日之上。亦即不得不自歲輪之頂漸移而下以就日也。既漸移而東。又漸移而下。則不能平轉而成環行歲輪之圓象成矣。

歲輪心正在太陽之上。星又在歲輪之頂。作直綫過歲輪心。以過太陽之心而指地心。是爲合伏。合伏以後。星在歲輪上東移。有類平轉。故其東移速。古謂之疾段。歲輪心離日漸遠。星在歲輪離合伏之度亦漸遠。而向下行。則東移之度漸遲。古謂之遲段。歲輪心離日至一象限。星在歲輪直向下行。人自地觀之不見其動。古爲留段。過此留段。輪心距太陽益遠。將至半周。星行歲輪之底。轉成向西行。是為退段。輪心與日冲。星正居輪底。自輪心作綫過星以過地心而直射太陽之心。亦為一直綫。是為退冲。

未至日冲。皆為晨見。冲日以後。則為夕見。夕見者西與日近。東與日遠。輪心反在日後而西行。追日。日在西。星在東。星不得不自輪底西移而就日。故仍為退段。輪心西距日益近。則星漸西而亦漸上行。以就其距日之定距。星既在輪邊。與輪心亦有定距。則其西移過半象限。不得不轉而上行矣。

至于西距日一象限。上行之勢又直。人自地觀之。亦不見動。古亦謂留段。

過此而輪心距日益近。則星亦在輪上漸向東行。以就合伏之度。以就其距日之常度。於是又見其東移之速。而至于合伏。古亦謂疾段。是爲歲輪之周。

論上三星圍日之行左旋

問古以七政右旋。宋儒以七政周天左旋。今以七政恒星皆爲一日一周之天所掣而西。發明宋說。謂右旋之度因左旋而成。可謂無疑義矣。茲論七政新圖。以太陽爲心。而復謂上三星左旋。與金水異。何居。曰左旋有二。前所論七政左旋。以地爲心者也。今上三星左旋。以太陽爲心者也。五星既爲動天所轉而成左旋。一日繞地一周之行。又依歲輪而右旋。以本輪上定度爲心。此五緯之所同也。然歲輪上實行之度。與太陽相直有定距。則仍以太陽爲心。又成圍繞太陽之行矣。金水二星即以太陽爲歲輪。或伏見輪之心。故歲輪即圍日之行。歲輪右旋。故其圍日之行亦右旋也。上三星則歲輪不以太陽爲心。但其距日有定度。而又成圍日之形。以歲輪上度言之。仍是右旋與金水同。以圍日之形言之。則是左旋與金水異矣。

五星與日皆爲動天所轉。繞地左旋。但上三星之左旋速于日。故合伏之後。卽在日西。以右旋言。爲星不及日。以左旋言。爲星過于日。沖日之後。乃在日東。以右旋言。爲日逐星。以左旋言。則爲星逐日。是不特其平行繞地者爲左旋。而其距日有常。以成圍日之形者。亦左旋也。

金水之左旋與日等。故合伏之後在日東。退合之後在日西。則是平行繞地者均爲左旋。而其圍日之行則右旋也。故曰上三星左旋與金水異者。主乎圍日以爲言者也。

然則歲輪之度。又何以同爲右旋乎。曰視行之法。遠則見遲近則見疾上三星之左旋雖速于日而在歲輪上半則見過日之度稍遲下半則見過日之度加速矣金水之左旋雖與日等而在歲輪上半較日距地爲遠則見左旋遲于日下半距地近則見右旋速于日夫上半左旋遲則右移反速下半左旋速則右移反遲而成留退此所以歲輪上度五星皆爲右旋也

然五星歲輪所以有在上在下之分者則以與太陽有定距也因其與日有定距所以能成歲輪上周轉之行因其在歲輪上周轉而行所以與日有定距

楊學山曰上金水左旋右旋之論猶仍歷書之説以伏見輪同歲輪後言伏見輪乃繞日圓象金水另有其歲輪乃勿庵先生新説耳

論五星以日爲心之圖

法曰上三星其圍日之圈左旋下二星其輪右旋皆以從宗動而西運之行爲主論左旋則星之退行乃其行速假如上三星合伏時在太陽之上及其每日左旋一周則星行過日若干分而在日西然其旋也距地則漸近其所以低者以就太陽也自此左旋之周益多則其離日而西之度亦漸遠而益旋益低比至在日西滿半周而冲日則其旋益近地所以然者因在日冲故必下行歲輪之底以就日也冲日以後其左旋之行轉在日東隨日之後而向日行其旋亦自冲日卑處漸向于高離冲日若干分則其旋漸高亦若干分自此在日後左旋追日而益近之以復至合伏則其旋益高而復在太陽之上矣是故上三星之能爲圍日之

曆算叢書輯要卷五十六下　五星管見　四

圖者以左旋言也

惟以左旋言之則無論冲合之在恒星何度亦無問各星之冲合各有周率經歷之時日幾何而其以日爲心悉同一法也

其下二星以歲輪圍日其理易明然亦是與太陽同爲一日一周之左旋而星之左旋遲于日故合伏時在太陽上每左旋一周則星不及日若干分度而在日東其行亦漸降至于夕留之後又復漸速而追日其度益降至退合伏而極乃復離日而西度亦漸升而復于合伏矣

地谷曰日之攝五星若磁石之引鐵故其距日有定距也惟其然也故日在本天行一周而星之升降之跡亦成一圓相歷家因取而名之曰歲輪也是故上三星歲輪約畧皆與太陽天同

大而今其徑有大小者各以其本天半徑爲十萬之比例也地谷新圖其理如此不知者遂以圍日爲本天則是歲輪心而非星體失之遠矣

宗動天左旋星與太陽皆從之左旋而有遲速以其所居有高下離動天有遠近也上三星在日天之上近于動天故其每日左旋比日爲速雖不能與恒星同復故處而所差甚微（土星只二分奇木星只五六分火星只半度）不能若太陽之每差一度也

論五星本天以地爲心

問五星之法至西歷而詳明然其舊說五星各一重天大小相函而皆以地爲心其新說五星天雖亦大小相函而以日爲心

若是其不同何也曰無不同也西人九重天之說第一重宗動天次則恒星又次土星次木星次火星次太陽次金次水次太陰是皆以其行度之遲速而知其距地有遠近因以知其天周有大小理之可信者也星之天有大小既皆以距地之遠近而知則皆以地心爲心矣是故土木火三星距地心甚遠故其天皆大於太陽之天而包于外金水二星距地心漸近故其天皆小于太陽之天而在其內爲太陽天所包是其本天皆以地爲心無可疑者惟是五星之行各有歲輪歲輪亦圓象五星各以其本天載歲輪歲輪心行於本天之周星之體則行於歲輪之周以成遲疾留逆。歲輪心行于本天周。皆平行也。星行于歲輪之周。亦平行也。人自地測之。則有合有冲有疾有遲有留有逆。自然之理也。若以歲輪上星行之度聯之亦成圓象而以太陽爲心。西洋新説謂五星皆以日爲心。蓋以此耳。然此圜日圓象。原是歲輪周行度所成。而歲輪之心。又行于本天之周。本天原以地爲心。三者相待而成。原非兩法。故曰無不同也。上三星在歲輪上右旋。金水在歲輪上左旋。皆挨度平行。

夫圜日圓象。既爲歲輪周星行之跡。則遲留逆伏之度。兩輪皆有之。故以歲輪立算。可以得其遲留逆伏之度。以圜日圓輪立算。所得不殊。立法者溯本窮源。用法者從簡便。算如歷書。上三星用歲輪。金水二星用伏見輪。皆可以求次均。立算雖殊。其歸一也。或者不察。遂謂五星之天。真以日爲心。失其指矣。

夫太陽去地亦甚遠矣。五星本天既以地爲心。而又能以日爲心。將日與地竟合爲一乎。必不然矣。

歷指又嘗言火星天獨以日爲心不與四星同予嘗斷其非是作圖以推明地谷立法之根原以地爲本天之心其說甚明其金水二星歷指之說多淆亦久疑其非今得門人劉允恭悟得金水二星之有歲輪其理的確而不可易可謂發前人之未發矣

論伏見輪非歲輪

問金水二星之求次均也（即遲疾留逆）用伏見輪歷指謂其即歲輪其說非歟曰非也伏見輪之法起于回歷而歐邏因之若果即歲輪何爲別立此名乎由今以觀蓋即歲輪上星行繞日之圓象耳（王寅旭書亦云伏見輪非歲輪）

然則伏見輪既爲圍日之跡上三星宜皆有之何以不用而獨

用之金水曰以其便用也蓋五星行于歲輪起合伏終合伏皆從距日而生故五星之歲輪並與日天同大而歲輪之心原在本天周故其圜日象又並與本天同大上三星之本天包太陽外其大無倫又其行皆左旋（所以左旋之故詳具後論）頗費解說故只用歲輪也至于金水本天在太陽天內伏見輪既與之同大又其度順行故用伏見輪（亦即繞日圓象）若用歲輪則金水之歲輪反大于本天（以歲輪與日天同大故皆大于本天）故不用歲輪非無歲輪也承用者未能深考立法之根輒謂伏見輪即歲輪其說似是而非不可不知也

伏見亦起合伏終合伏有似歲輪然歲輪之心行于本天之周而伏見輪以太陽爲心故遂以太陽之平行爲平行皆相因而誤者也

論五星平行

然則金水既非以太陽之平行爲平行。又何以求其平行。曰歲輪之心行于本天。是爲平行。乃實度也。實度者。周度也。以本天分三百六十度。而以各星周率平分之。則得其每日平行。如土星二十九年奇而行本天一周。則二十九日而行一度。每日平行二十九分度之一。是爲最遲。木星十二年周天。每日平行約爲十二分度之一。火星二年周天。約爲每日平行半度。金星二百二十餘日周天。約每日平行一度半強。水星八十八日奇而周天。約每日平行四度。皆平行實度。若歲輪及伏見輪雖亦各分三百六十度。亦各有其平行。然而非實度也。既非本天上平行之度。又非從地心實測之平行度。乃各星之離度耳。因此離度下文詳之。用三角法從地心測之。則得其遲留伏逆之狀。亦爲實度矣。此實度不平行。與本天之平行實度不同。本天之度平行實度也。歲輪及伏見乃離度也。離度爲虛數。故皆以半徑之大小爲大小。

伏見輪上行度與歲輪同。所不同者半徑也。伏見之半徑皆同本天。歲輪之半徑皆同日天。

論離度有順有逆

問何以謂之離度。曰於星平行內減去太陽之平行。故曰離度。乃離日之行也。以太陰譬之。其每日平行十三度奇者太陰平行實度。每日十二度奇者太陰之離度也。於太陰平行內減太陽平行。是故金星每日行大半度奇。水星每日約行三度。皆于星平行內減太陽之平行。　因金水行速。其離度在太陽之前。乃星離于日之度。故其度右旋順行。與太陰同法也。

若上三星。則當於太陽平行內減去星行。是爲離度。蓋以上三星行遲在太陽之後。乃星不及于日之度。其度左旋而成逆行。與太陰相反。然其爲離日之行度一而已矣。王寅旭五星行度解。謂上三星左旋。蓋謂此也。然竟以此爲本天。則終非了義。

論平行有二用而必以本天之度爲宗

平行者。對實行而言也。然實行有二。一是本天最高卑之行。亦曰實行。一是黃道上遲留逆伏。實測亦曰視行。是二者皆必以本天之平行爲宗。

若金水獨以太陽之平行爲平行。是廢本天之平行矣。又何以求最高卑乎。

圜日之輪。即伏見輪。起合伏。終合伏。是即古法之合率也。本天之行。則古法之周率也。最高卑。則古法之歷率也。又有正交中交以定緯度。卽如古法之太陰交率也。此一法。是西法勝中法之一大端。是數者皆必以本天取之。故不得以圍日之輪爲本天。

歷指言金星正交定於最高前十六度。水星正交與最高同度。其所指皆本天之度。非伏見行之度。則伏見輪不得爲本天明矣。

今以七政歷徵之。不惟最高卑之盈縮有定度。卽其交南北亦有定度。故金星恒以二百二十餘日。而南北之交一終。水星則八十八日奇而交終。此皆論本天實度。原不論伏見行。是尤其較著者矣。

論金水交行非偏交黃道

問周雲淵言金水遍交黃道。不論何宮。今日交有定度何也。曰雲淵之說。蓋因回回歷緯表而誤者也。何以言之。回回歷以自行度小輪心度立表。而定其交黃道之度。非以黃道度爲主而求其交處也。故其所謂宮度者。皆小輪之宮度也。非黃道之宮度也。若謂黃道之宮度而可以徧交。將正交之度亦無定在矣。又安得謂金星正交在最高前十六度。及水星正交定于最高同度乎。必不然矣。正交定度雖出歷書。然與回歷原是大同小異。今以七政歷考之。金星水星之交周皆有定期。金星以二百二十餘日。水星以八十八日奇。但歲輪心行至正交。即無緯度。不論其爲合伏爲冲退。爲疾爲遲或留也。以此而斷其必有本天有歲輪。可以勿疑。

論金水伏見輪

伏見輪。即繞日圓象也。其半徑與本天等。本天上歲輪心所行之周半在黃道北半在黃道南其勢斜立如太陰之出入黃道爲陰陽歷也。而星體行伏見輪周。其勢亦斜立與之相應。故其交角等。

伏見輪十字綫圖

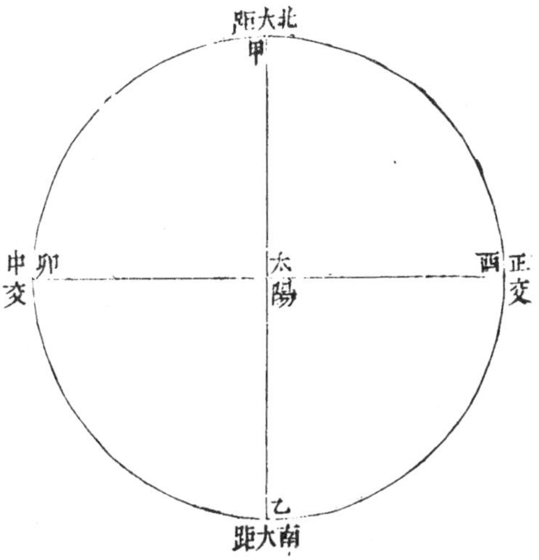

北大距甲
正交酉
中交卯
太陽
乙南大距

歲輪心在正交。或中交。則星無緯度。故伏見輪上亦有正交中交。歲輪心行過正交。漸生北緯。至離正交九十度。則北緯極大。如太陰之陰歷半交也。古法正交後陽歷。中交後陰歷。西法則反用其號。然其用不殊。歲輪心行過北大距。離正交九十度至一百七十九度。北緯漸小。至中交而復無緯。此如太陰之陰歷半周也。歲輪心行本天陰歷半周。卽星在伏見輪上亦行北半周而其緯在北緯有大小無不與之相似。

歲輪心行過中交。漸生南緯。至離中交九十度南緯極大。如太陰之陽曆半交也。歲輪心行過南大距。南緯漸小。復至正交而無緯。如太陰之陽曆半周也。即星在伏見輪亦行南半周而南緯之大小。一一與本天相似。

聯正交中交成一綫。此綫在本天。必過地心。以本天圓面與黄道面斜交相割而成也。而在伏見輪。亦必過日心。以伏見輪之繞日圓象。亦與黄道面斜交。而半在黄南。半在黄北。圓面相割成綫也。以此綫爲横綫。而均剖之。作十字垂綫。則上下兩端所指。並半交大距度矣。此伏見輪上十字綫之理也。

伏見輪心即太陽。太陽行黃道三百六十度。伏見輪亦隨之行三百六十度。而十字之形不變。此正視之形也。

又正視圖不能見交角。故必以旁視明之。伏見輪事事與本天等。故以本天明之。

伏見輪交角圖

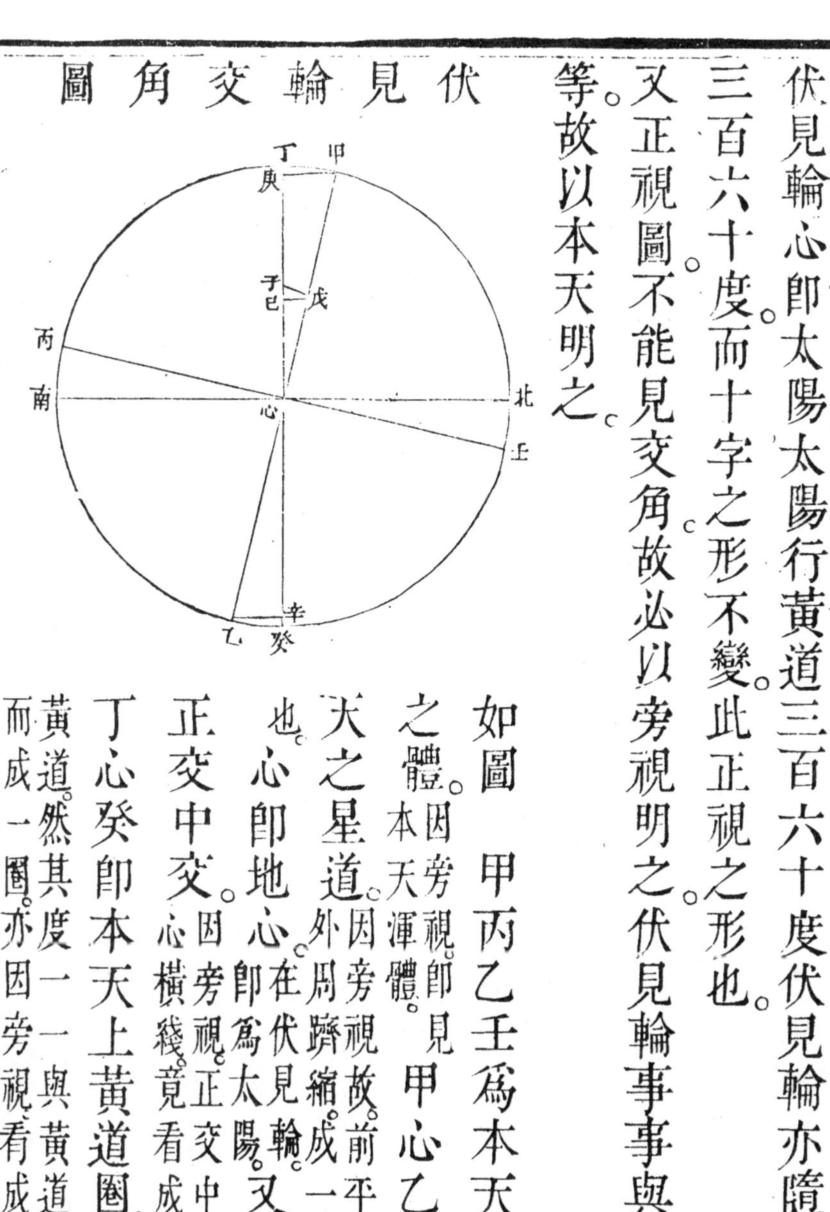

如圖　甲丙乙壬為本天渾圓之體。因旁視即見本天渾體。甲心乙即本天之星道。因旁視故。前平視之外周蹐縮。成一直綫也。心即地心。在伏見輪。即為太陽。又即為正交中交。因旁視。正交中交過心橫綫。竟看成一點。丁心癸即本天上黃道圈。本天小于黃道。然其度一一與黃道相應。而成一圈。亦因旁視。看成一直綫。兩直綫相交于心，即成緯度角。丙直綫相交，即兩圈相交也。亦即爲兩圓面相切。兩圓面者，一爲星道，一爲黃道，在渾體皆成面。甲心丁角在黃道北，其弧甲丁，其正弦甲庚，北大距之緯度也。甲丁弧雖在本天，然即外應黃道緯。乙心癸角在黃道南，其弧乙癸，其正弦乙辛，南大距之緯度也。乙癸弧在本天，外應黃道，與甲丁同。

問：何以分南北也？曰：甲丁與乙癸兩大距弧各引長之，成一全圈，在本天渾體，即外與黃道上過極經圈相應，而北心南直綫爲之軸，北即北極，南即南極，亦與黃道之南北極相應矣。甲心綫在黃道北，即生北緯；乙心綫在黃道南，即生南緯，又何疑哉？甲心，半徑也。以旁視故，正交後北半周一百八十弧度並躋縮成直綫，與半徑等。乙心之在南亦然。

然何以謂之大距？曰：甲丁緯弧與甲心丁角相應，爲北大緯；乙癸弧與乙心癸角相應，爲南大緯。甲點乙點並居半交，故其緯

最大其未及半交及已過半交其緯並小南北並同也

問緯度即角度也角同而緯有大小何也曰角雖同而邊不同也大距度以半徑爲全數其餘各度並皆以正弦當全數

假如任舉一度如過正交三十度爲戊點（未至中交三十度亦同）其正弦戊心法爲甲心全數與甲丁大距之正弦甲庚若戊心正弦與戊子弧之正弦戊己也（戊心己句股形與甲心庚形相似同用心角而戊心邊正得甲心之半則戊己亦甲庚之半而戊子弧亦必爲甲丁之半矣他皆倣此）

以上所論皆本天之事然伏見輪之理並無有二故此一圖即可作伏見輪觀其旁視之交角甚明也

論伏見輪（廾字綫）

伏見輪既爲繞日圓象而生于本天之歲輪故其面與本天等

徑而其斜交黃道之勢亦與本天等夫本天之斜交黃道也半在北半在南惟正交中交二點與黃道合聯此二點過心是爲交綫即兩圓面相切所成也從交綫上中分之作過心十字直綫至本天周即大距綫也何則黃道面上原有十字綫正視之兩綫合爲一直旁視之則本天直綫斜穿而成交角故此直綫在本天即爲大距綫也此直綫所指本天之度正在二交折半之中其距最大故即爲大距綫然則此十字綫者固本天所原有而伏見輪之斜交黃道既與本天等則其十字綫亦無不等矣

伏見輪即爲繞日之圓象則大陽即輪心太陽行于黃道故伏見心釘于黃道也然其心雖釘于黃道而其面則半在北半在

南一定不易任輪心在黃道之何度而其斜交之面總與本天爲平行故其交綫皆不變其十字大距綫亦不變也

由是觀之伏見輪亦有二面何則伏見輪之面既斜交黃道與本天之面爲平行則其相當之黃道亦即有與伏見輪相應之一圈與黃道面平行而與伏見輪斜交亦如本天之與黃道斜交矣

如是則伏見輪之交綫常與本天之交綫平行不論在黃道上何度分也而伏見輪上之從心所出之十字大距綫及所相當黃道上從太陽心即輪心所出之十字綫亦與本天心黃道之十字綫平行而兩十字綫正視之成一直綫旁視之一直一斜而成大距之交角亦一一與本天交黃道之角分寸不爽故用

伏見即如本天也

論伏見輪之所以然

伏見輪半在日天外。半在日天內。其半徑與本天等。即星體所行也。黃道半徑。與金星本天之比例。約為十與七二有奇。伏見輪以日為心。繞日環行。與本天周上歲輪心行度相應。故其大相等。本天半在黃道北。半在其南。伏見輪亦然。門人劉著云。譬如人放紙鳶。人在下環行。而紙鳶亦在空際環行。蓋以紙鳶為風所舉。不能下。而又為綫所引。不能不環行。可謂善于形容。故惟本天之度為實度。不惟伏見輪為星繞日行之虛跡。即歲輪周上星行之度。亦虛設之圓周。非硬圈有形質也。譬如浮屠高尖有珠。如日。人持長竿。竿上端有微小之珠。如金星。浮屠之中腰有圓圈梯道斜繞之。如金星本天之斜立。人行其上。如歲輪心之行于本天周。其珠竿直立指天。其長也如浮屠尖至

曆算叢書輯要卷五十六下　五星管見

其腰圍之心如星在歲輪周至歲輪心之徑與日天半徑等兩珠相望有繩繫之其繩常引直而有定距與腰圍斜遶之磴道等如金星繞日有定距與本天半徑相等持竿者循斜梯繞浮屠旋轉平行之則竿上珠自然亦繞尖上大珠旋轉成員象矣此如伏見輪爲繞日之員象

由是言之可以免歲輪大小之疑何則歲輪之心行于本天之周而本天既有高卑歲輪心行于高度則金星在伏見輪者離地遠矣歲輪心行低度則星在伏見輪者離地近矣近則覺歲輪之半徑小矣遠則覺歲輪之半徑大矣若歲輪爲堅鞕之物何以能伸屈如此乎更以視法徵之何以在最高反大在最卑反小乎必不然矣

歲輪之大小又因于太陽高卑伏見輪既以日爲心則太陽行

最高時伏見輪從之亦高。而星去地遠。太陽行最卑。則伏見輪從之卑。而去地近。亦遂疑歲輪之有大小。而與視法反。若知歲輪亦非眞有輪。則羣疑盡釋矣。

求伏見輪交角。

伏見輪斜交黄道。既一一與本天等。則伏見輪交角。與本天交角亦必相等。

假如本天大距緯度之正弦。欲變爲伏見輪上大距之正弦。法爲黄道半徑與本天大距之正弦。即本天交角。若伏見輪半徑。亦即本天半徑。與伏見輪之大距正弦也。

金星本天交角定爲三度二十九分。水星六度　分。

一　黄道半徑全數　一○○○○○

二　本天交角正弦　○六○七六

三　伏見輪半徑　七二二五一

四　伏見輪大距緯正弦　○四三八九

王寅旭中緯准分是○四三九○蓋以得數九九七收作一數故也○

其餘各度並先以全數爲一率○交角正弦爲二率○各度正弦爲三率○得四率爲各度緯○

再以全數爲一率○各度緯爲二率○伏見半徑爲三率○求得四率爲各度變率之本緯○

簡法○置交角正弦○以各度正弦乘之○去末五位○又以伏見輪半徑乘之○去末五位○卽徑得各度變率本緯○

又捷法 黄道半徑爲一率。大距正弦變率爲二率。各度正弦爲三率。得各度本緯爲四率。

假如伏見輪上距交三十度求其本緯。

一 黄半徑全數一〇〇〇〇〇

二 大距正弦變率 〇四三九〇

三 三十度正弦 五〇〇〇〇 乘得二一九五〇〇〇〇〇

四 三十度本緯 〇二一九五

解曰此以變率求變率。故徑得本緯。不須再變。寅旭用中緯准分。即此理也。

求各度正餘弦變率法

置各度正餘弦。以伏見輪半徑乘之。得數去末五位。即得變率

之正餘弦

求金星視緯法水星倣此

一求合伏距交

法以本日太陽實行在正交後宮度即伏見輪心距交宮度命爲合伏距交度

解曰凡星合伏必與太陽同度太陽行一度小輪上合伏點亦隨之移一度故太陽實行度即輪心而輪心距交必與輪周之合伏距交等角

二求星距交

法以用日距合伏後日數在位用星離日度三十七分弱爲法乘之得離日平行以加合伏距交度爲星距交平行度再簡本

度盈縮差加減之。（即加減差。從最高卑起算。）爲星實行距交度分。

解曰。金星之行。遲于太陽。太陽行一度。金星行一度三十七分弱。有奇。故雖與太陽同行。而常在前。謂之離日度。歷書以太陽之行爲星平行。非眞平行。故必併此離日度。始爲眞平行。星平行在伏見輪周。而根本在本天歲輪心行于本天。有高卑加減。古曆謂之盈縮差。伏見輪上行。旣與本天上歲輪心行相應。則亦必有盈縮加減矣。

三求兩距交度入陰陽歷及初末限

法以兩距交度。（一伏見輪心距交。是黃道上度。一星體距交。是伏見輪周度。）並視其在半周以下。爲入陰歷。（一二三四五宮）滿半周以上。內減去半周。爲入陽歷。（六七八九十十一宮。）各視其度在象限以下。爲初限。（一二宮爲陰歷初限。六七八宮爲陽歷

（初限）滿象限以上用以減半周餘爲末限。（三四五宮爲陰歷末限、九十十一宮爲陽歷末限。）

四求視緯正弦

法以星距交正弦（用變率）及各度本緯（變率）各自乘實相減得數開方得根。以加減黃道正弦（即輪心距交度正弦用本數）爲黃道正弦。又自乘之得數以與本緯自乘實相併。（本緯實即上所求。）爲視緯股實開方得視緯正弦。（捷法不必開方只用股實。）

加減例

視（黃道上輪心、伏見輪上星。）兩距交度。（同在陰歷或同在陽歷則相加。或一在陰歷一在陽歷則相減。）

解曰。星距地心綫。如句股之弦。即全數也。故亦有其正弦爲股。餘弦爲句。

五求視緯餘弦

法以星距交度餘弦。變率加減黃道餘弦。用本數。與正弦同。爲視緯餘弦。

加減例。視兩距交度。全在正交邊。或全在中交邊。則相加。若一在正交邊。一在中交邊。則相減。

解曰。在正交邊者。陰歷初限。陽歷末限也。陰歷初限爲已過正交。在正交前一象限也。陽歷末限爲未到正交。在正交後一象限也。此兩象限共一百八十度。在十字直綫之右。並于正交爲近也。

在中交邊者。陰歷末限爲未到中交之度。在中交後一象限。陽歷初限爲已過中交之度。在中交前。此一百八十度在十字直綫之左。並于中交爲近也。

又總解曰。正弦之加減。論陰陽歷。以十字横綫爲斷也。餘弦之加減。論正中交。以十字直綫爲斷也。横綫者交綫也。直綫者大距綫也。正弦綫並與大距綫平行。是各度距交綫之數。餘弦綫並與交綫平行。是各度距大距綫之數。于此而知十字綫之爲用大也。

六求星距地心綫

法以視緯正弦餘弦。各自之。併而開方。得星距地心綫。

七求視緯

法以各度本緯。變率 加五位爲實。星距地心爲法除之。得視緯。

論曰。必如此下算。則事事有著落。視緯得數。始眞。若前緯後緯之表。以中分取數。加減法雖巧便。得數亦恐不眞耳。

假如金星伏見輪心距正交三十度。星距合伏三十五度。求視緯。

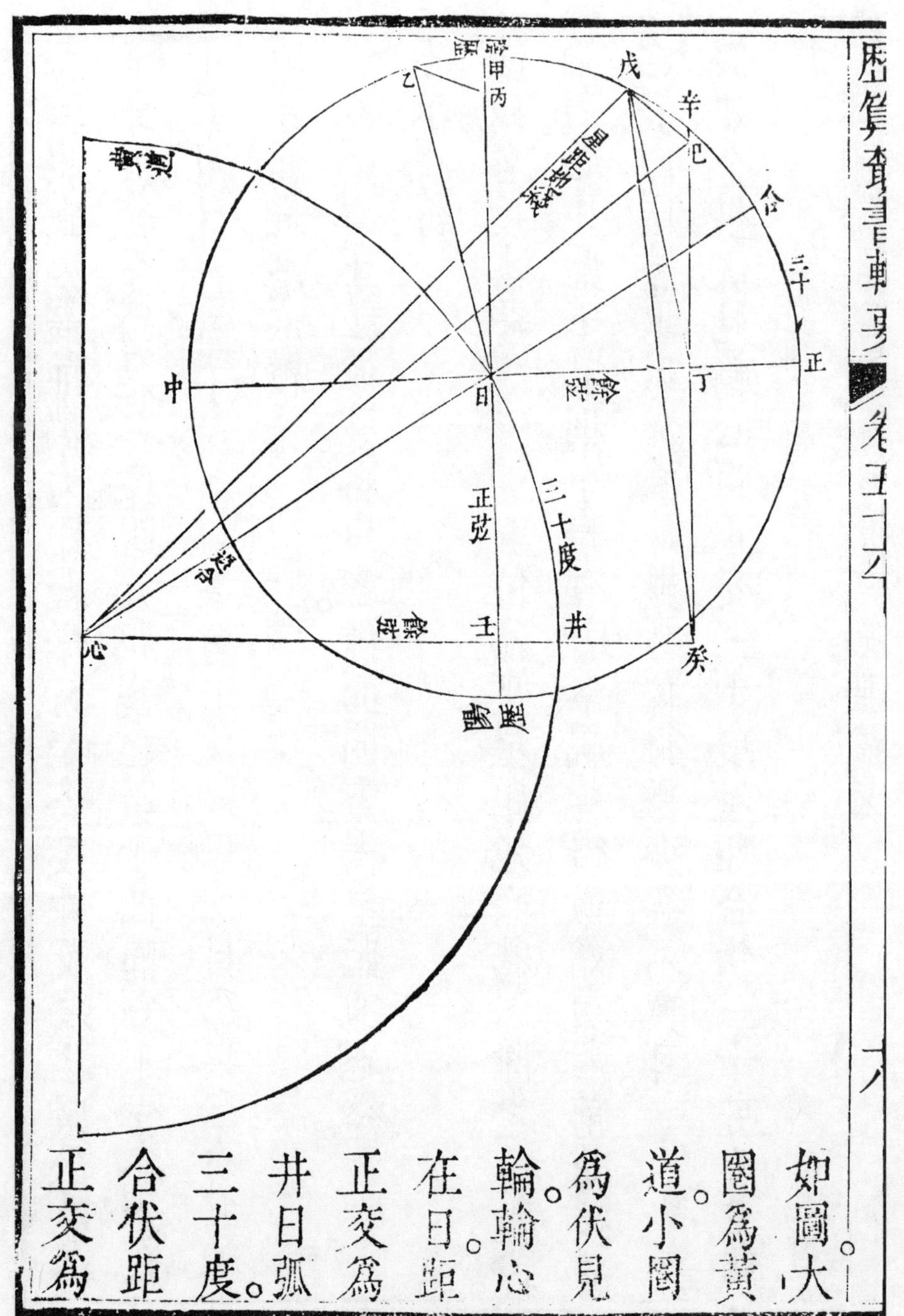

如圖。大圈為黃道。小圈為伏見輪。輪心在日。距正交為井日弧三十度。合伏距正交為

合正亦三十度星在戊過合伏三十五度距正交爲戊正弧六十五度

法先用日乙丙丁戊已兩三角形依變率法曰乙與乙丙大緯正弦若丁戊星距交正弦與戊已緯次用丁戊已直角形已爲直角戊丁爲弦戊已爲句求得已丁股次用戊已癸直角形已爲直角以已丁股加丁癸（丁癸卽日壬爲輪心距交井日弧正弦）共已癸爲股戊已爲勾求得戊癸爲視緯正弦次以星距交正戊弧餘弦丁日卽壬癸也與壬心相加（壬心爲輪心距交井日弧之餘弦）共癸心爲視緯餘弦次用戊癸心形癸爲直角戊癸爲股癸心爲句求得戊心星距地心綫末用心戊已直角形已爲直角心戊與戊已緯若全數與戊心已角之正弦求弧得心角視緯度（圖内諸三角形俱是立三角須以渾體觀）

之。便。明。

按右法未加高卑之算。蓋前緯後緯表原亦未用高卑也。若求密率。仍當以高卑入算。爲穩說具後條。

又按依右法用三角形推算。可不必立前後緯表。亦不用中分歷書蓋以作表故用約法以該之也。

論大距緯之變率又以高卑而變

大距緯者。即黃道交角之正弦。金水本天半徑。皆小于黃道半徑。黃道常爲十萬。而金星本天半徑。得其十之七有奇。水星得其十之三有奇。故其大距緯亦小于黃道之大距緯。而各度從之。皆有變率矣。然星本天既有高卑則其半徑亦時有大小。而其距緯亦從之有大小。變率之法。又當以此爲準的也。

準前論。在本天最高則半徑大。而伏見輪半徑亦大。即距緯亦大矣。在最卑則半徑小。本天與伏見輪並同。距緯亦小矣。皆變率之距緯。說者遂謂其與視法之理相反。殊不然也。何則本緯之變率與視緯之變率不同也。

本緯在最高則半徑大。本緯亦大。在最卑則半徑小。本緯亦小。乃本天自有之數。非關視法。伏見輪上緯仍是本天。

視緯星距地遠則大緯變小。星距地近則小緯變大。全係視法。從地上看伏見輪上星。

論黃道亦有半徑之大小

黃道半徑常爲十萬分全數。然黃道旣有高卑。則其半徑必有大小。最高時半徑必十萬有奇。最卑時半徑必十萬不足。日躔章原有太陽距地高卑表所當取用者也。

太陽距地爲黃道半徑。亦即伏見輪心距地也。在上三星用歲輪即爲歲輪半徑。王寅旭云因黃道之高卑而歲輪有大小。蓋謂此也。今按歲輪與黃道同大。歷家算高卑或用不同心圈。則其距地之數有大小。乃是半徑有大小。非以此半徑另作一圈也。以歲輪立算。乃是數中之象。因天運有常。故可以輪法測之。此可爲達者告也。

論伏見輪半徑亦有大小。而本緯因之有大小。

本天既有高卑。則半徑有大小。而伏見輪並與之等。伏見輪半徑既有大小。則其正弦餘弦之變率。及大距度之變率。與各度之本緯。並因之而有大小。

法以本天高卑求得各度半徑爲伏見輪各度半徑。最高距正交十六度起算。

就以半徑爲法。乘各度正弦餘弦。去末五位。爲正弦餘弦變率。

又以半徑爲法。乘大距正弦金星大距三度二十九分。去末五位爲大距變率。

就以大距變率爲法。乘各度正弦。去末五位爲各度本緯。

以上數端並以最高變大。最卑變小。

論視緯當兼用兩種高卑立算。

準上論。黃道半徑有大小。伏見輪半徑及正餘弦及本緯並有大小。必兼論之。則視緯始爲密率。

法以伏見輪各度正弦變率自乘。本緯亦自乘。兩得數相減開方求根以加減黃道正弦(高卑所求)爲正弦又自乘之以併本緯自乘爲視緯自乘實(卽視緯股實)又法不用加減但以伏見輪正弦(變率)爲一邊黃道正弦(高卑所算)爲一邊大距度外角(以大距角減半周)爲一角用切綫分外角法求得視緯正弦自乘爲股實亦同又以伏見輪餘弦黃道餘弦相加減(俱用變率)爲視緯餘弦又自乘之爲句實併視緯股實句實開方得弦卽星距地心遠近綫也末以星距地心爲法本緯(變率)加五位爲實實如法而一得視緯密率

黃道高卑於太陽實行度取輪心距最高宫度(在正交後若干度起算)本天高卑於伏見輪上星實行度取距最高宫度(距正交十六度起算)又按用此密率當設兩表

一伏見輪上各度半徑表。以金星高卑算得其大小。

一伏見輪上各度大距表。即以各度半徑乘大距變率正弦。全數除之即得。

其黃道中各度半徑。即用日躔高卑表。不必另作。

有各度半徑。即可求逐度正弦餘弦變率。黃道同。

有各度大距變率。即可求各度本緯。以上俱用乘法。

按金星之最高不與正交同度。相差十六度。當於伏見輪上安兩種十字綫。水星之最高則與正交同度。

論金星前後緯表南北之向

金星前緯自小輪初宮向北。其緯極大。爲一度二十八分。自此漸減至二宮三十度而減盡無緯度。即三宮初度。

自三宫初向南漸有南緯至五宫三十度南緯極大爲九度。二分。即六宫初度。

自六宫初以後南緯漸減至八宫三十度南緯減盡無緯。即九宫初度。

自九宫初度復向北漸有北緯至十一宫三十度復爲一度二十八分。即初宫初度。

據此則金星前緯南緯大北緯小南大緯至九度。二北大緯只一度二八而分爲四限

自合伏至留際。乃歲輪上距合伏九十度。亦可名爲留際。北緯減盡爲初限

自留際向南至退合南緯至九度。二分。爲南緯極大。爲次限

自退合以後南緯漸減至留際。距退合亦九十度。南緯減盡爲三限

自留際復向北至合伏北緯至一度二十八分。北緯極大。爲末限

此蓋以歲輪上合伏之時星距地遠，故緯度見小；退合之時星距地近，故緯度見大。

此前緯是置輪心在正交後大距處，而算伏見輪上一周之緯，故其南北之向如此。

金星後緯自小輪初宮初度無緯度，自此向北而生北緯，北緯之大爲二度三十三分，在四宮十五度，自此漸減至五宮三十度，北緯減盡。即六宮初度。自六宮初度以後向南而生南緯，南緯之大亦二度二十三分，在七宮十五度，又自此漸減至十一宮三十度，南緯減盡，復至初宮初度。

據此則金星後緯向南向北分爲兩限。其增減之分南北相同，但有順逆而無大小。

自合伏始向北而生北緯。至距合伏一百三十五度。北緯甚大。至二度三十三分。至距合伏一百八十度。北緯減盡而無緯度。即退合時。其距大緯度。相距四十五度。是爲北緯限。

自退合後始向南而生南緯。至距退合四十五度。南緯甚大。亦二度三十三分。從此漸減。至退合一百八十度。南緯減盡而無緯度。即復至合伏。其距南大緯度。一百三十五度。是爲南緯限。此後緯是置輪心在正交點。而算伏見輪上一周之緯。故其南北之向若此。若水星南北之向。俱與金星相反。然伏見輪之理則同。

合前後。一緯表觀之距合伏後一象限。前後緯宜相加。以其同爲向北也。距退合前一象限。前後緯宜相減。以前緯已改向南。

而後緯仍向北也。
過退合後一象限。前後緯又宜相加。以前緯仍向南。而後緯亦向南也。過退合後第二象限。即距合伏前一象限。前後緯又宜相減。以前緯已改向北。而後緯仍向南也。

論金星前後緯加減之法

前緯起大距。凡言起者即合伏點所在。自初宮至二宮共九十度。爲陰歷末限。後緯起正交。自初宮至二宮共九十度。○宮一宮二宮。爲陰歷初限。雖分初末。皆陰歷也。故相加。
前緯過九十度。三宮四宮五宮。爲陽歷初限。後緯過九十度。三宮四宮五宮。爲陰歷末限。一陰歷一陽歷。南北相反。故相減。
前緯過一百八十度。復行九十度。六宮七宮八宮。爲陽歷末限。後緯過半周復行九十度六宮七宮八宮。為陽歷初限。並陽歷。俱在南。故亦相加。

前緯過二百七十度。行一象限。後至合伏。九宮十宮十一宮為陰歷初限。

後緯過二百七十度。行一象限。九宮十宮十一宮復至正交。為陽歷末限。

一陰歷。一陽歷。故又相減。

此置輪心即太陽。於正交後緯。及正交後大距前緯。立表。若置輪心于中交為後緯。及中交後大距為前緯。則陰陽之名相易。然加減之法並同。

並以合伏後一象限相加。宮一宮二宮第二象限相減。三宮四宮五宮退合後一象限六宮七宮八宮又相加。第二象限又相減。九宮十宮十一宮

又按歷書極㡬之說。蓋是謂交點移。則南北變。恐非有翕張之

形也假如交在合伏則合伏綫與交綫合而無緯度若合伏過正交若干度則正交上之合伏後若干度即合伏點距此處無樞綫之度。緯度而合伏反有緯度矣是緯度之變動全係乎樞綫之移也即輪心所到。

論五星以高卑變緯度

本天高卑能變緯度理宜有之然按圖詳審其法有三其一于本天之斜交徑上作歲輪三徑綫與黃道面平行遠近不同緯度自異其二于本天斜徑上只作一歲輪徑綫而最高卑之歲輪心有時而移即其周之長短隨之遠近其三亦只作一徑綫而行最高時歲輪圈大行最卑時歲輪圈小三者雖同用最高卑立算而加減各異此必徵之實測乃可定之

第一法用三綫則交角雖不變而歲輪面與黃道面之遠近頓殊角既同矣緯何得異曰所用之本天徑綫不同也假如中距時交角為三度其所得正弦乃中距時徑綫為全數也若最高時則其全數大矣雖亦三度角之正弦而其實數則大矣故緯亦大最卑時全數小而正弦亦小彷此論之其留際上下角不同者又在其外也

又有異者若用三綫則交點亦當有變何也中距面綫至正交時與黃道面徑合為一綫其餘兩歲輪面綫必一在北一在南按至交點則三綫合一此一節可以勿論

第二法歲輪只用一綫其面之距緯本無不同而最高卑時輪心有動移最高時輪心在上則正弦綫如故而角變小矣謂小于中距角之最卑時輪心近下則正弦如故而角變大矣大于中距角何則正弦雖同謂歲輪面與黃道面平行之緯而輪心在上則遠于地心而見小矣

輪心在下則近于地心而見大矣又法用不同心于黃道則不但正弦不變角亦不變但人在地心視之則有大小與上法二而一者也

第三法只作一歲輪徑綫凡言徑綫皆因旁視而面變爲綫而其兩端並作三層綫折半爲歲輪心而兩端無參差盡其輪邊即徑綫兩端鋭尖盡處爲最大圈之徑乃最高時所用兩端各縮進爲界則中距時徑也兩端又縮進爲界則最卑時圈徑也西歷論火星歲輪有大小之故解之以高卑而王寅旭亦取之用此法也

以上三法不知誰爲定法故曰必徵諸實測

又按三法在上三星其用皆同至金水則又大異何則金水歲輪大于本天以其徑同太陽天故則包過地心退合時輪心在人之背而星在輪周跨過地心在人之上星之下星在輪周與其輪心如

月之望而人居其間。故最高時輪心遠于地。而星在輪周反近于地。緯反變大矣。若最卑時輪心近地。而星在輪周反遠于地。緯反變小矣。此自然之勢。不得不然者也。此在第一法。第二法並同。若用第三法。則雖有高卑。而兩端之遠近不變。與前二法相反。故必徵之實測。乃取其合者用之。

楊學山曰。西法步五星。土木火有歲輪。金水有伏見輪。雖兩輪行度求角之法皆同。然歲輪上爲星離日之虛度。輪心在本天。伏見輪則自有行度。輪心即太陽。細按歷書之說。蓋謂上三星本天包太陽天外。星離日而又與日有定距。是生歲輪。其半徑恒與太陽天等。若金水之本天。即太陽天。其平行與太陽同。距地亦與太陽等。而此伏見一輪。以日爲心。繞日環轉而爲伏見。故名伏見。輪其輪之半徑皆有定度。是其意原非以伏見輪當歲輪。若果即爲歲輪。則半徑宜有大小。何則。火星因與太陽天近。尚有日躔本天二差。以變次均角。豈金水在太陽天下而反無之。今測不然。是伏見輪另爲一種行動。爲金水之所獨。其所云即歲輪者。蓋因行法相同而混言之耳。今勿庵先生之說又異。是謂五星皆同一法。皆有歲輪。上三星因本天大。故用歲輪。金水因歲輪大難用。故用繞日圓象。（即伏見輪。如上三星圖日之圈。）如此可明金水自有本天。因得自有高卑。亦自有平行度。因在日天下。速于太陽本天。斜倚黃道。因有正交中交之名。諸根底俱有着落。且五星一貫。但依此立算。凡星平行自行之根數。初均次均之度。分南緯北緯之

曆算叢書輯要　卷五十六下　五星管見

大小皆與歷書數迥異，驗之于天，未識合否。勿庵先生之説不敢遽定其是非，存之以待參考焉。

江愼修永曰：楊學山謂勿庵先生之説不敢遽定其是非，今繪圖試之，歲輪上星所到，與伏見輪上星所到，一一相符，則勿庵先生之説信矣。但諸圖皆設歲輪心於本天，未設本輪均輪，愚初猶疑未必能符伏見輪上所算之數也。既而擬法算之，雖平行自行，初均次均與伏見算大異，而以後均加減歲輪行，則與伏見所算之實行不約而同，於是前疑盡釋，而算例亦可立矣。若南緯北緯之大小，勿庵先生已詳言之，謂本天上歲輪心所行之周，半在黄道南，半在黄道北，其勢斜立，星體行伏見輪周，其勢亦斜立，與之相應，故其交角等。夫交角既等，則歲輪上之緯與伏見輪之緯亦必等豈兩輪事事相符而緯行一事獨違異者况星之緯南緯北實由歲輪心所到乎楊學山亦可無疑矣。

此江慎修翼梅中之語也憶庚申辛酉間慎修抵都門以所著翼梅八卷請政并求序言爲展讀一過未嘗不歎其學力之深遠出楊學山之上其傾倒於先人者至矣而意見不合牴牾辨駁之處亦往往而有如用恒氣註歷天自爲天歲自爲歲之類終不謂然蓋泥於西說固執而不能變其弊猶小至其於西說之不善者必委曲爲之辭以伸其說於古人創始之功則盡忘之而且吹毛索瘢盡心力以肆其詆毀誠不知其何心夫西人不過借術以行其教今其術已用矣其學

己行矣慎修雖欲諂而附之不已後乎彼西人方謂古人全不知歷以自誇其功而吾徒幸生古人之後不能爲之表揚而且入室操戈復授敵人以柄而助之攻何其悖也其用力雖勤揆之則古稱先闢聖距邪之旨則大戾矣吾故不爲作序而附記其說於此循齋識

終

歷算叢書輯要卷五十七

揆日紀要目錄

歷算叢書輯要卷五十七

宣城梅文鼎定九甫著

男 以燕正謀甫學

孫 瑴成玉汝甫 重較輯

玕成肩琳甫

鈖用和

曾孫 鈖二如同校字

鈁導和

揆日紀要

求日影法。

謹按測日之法要先知太陽緯度。其次要知里差。其次要知勾股算法。其次又要知割圓八線。

太陽緯度有半年在赤道南。有半年在赤道北。此以節氣定之。

假如冬至日太陽在赤道南二十三度半。爲緯度之極南。其影極長。自此以後。太陽漸漸自南而北。其南邊緯度漸減。則影之長者亦漸減。至春分日太陽行到赤道上。即無緯度。

既過春分。太陽行過赤道之北。於是漸生北緯。緯既漸北。其影漸短。至夏至之日而影短極矣。

夏至日太陽在赤道北二十三度半。爲緯度之極北。其影極短。自此以後。太陽漸漸自北而南。則北邊緯度漸減。而影之短者復漸長。至秋分日太陽行到赤道上。亦無緯度。

既過秋分。太陽行過赤道之南。於是漸生南緯。緯既漸南。影亦漸增。至於冬至之度。而復爲影長之極矣。

長極則短。短極則長。總由太陽南北緯度之所生。其緯日日不同。故影之長短亦日日不同也。

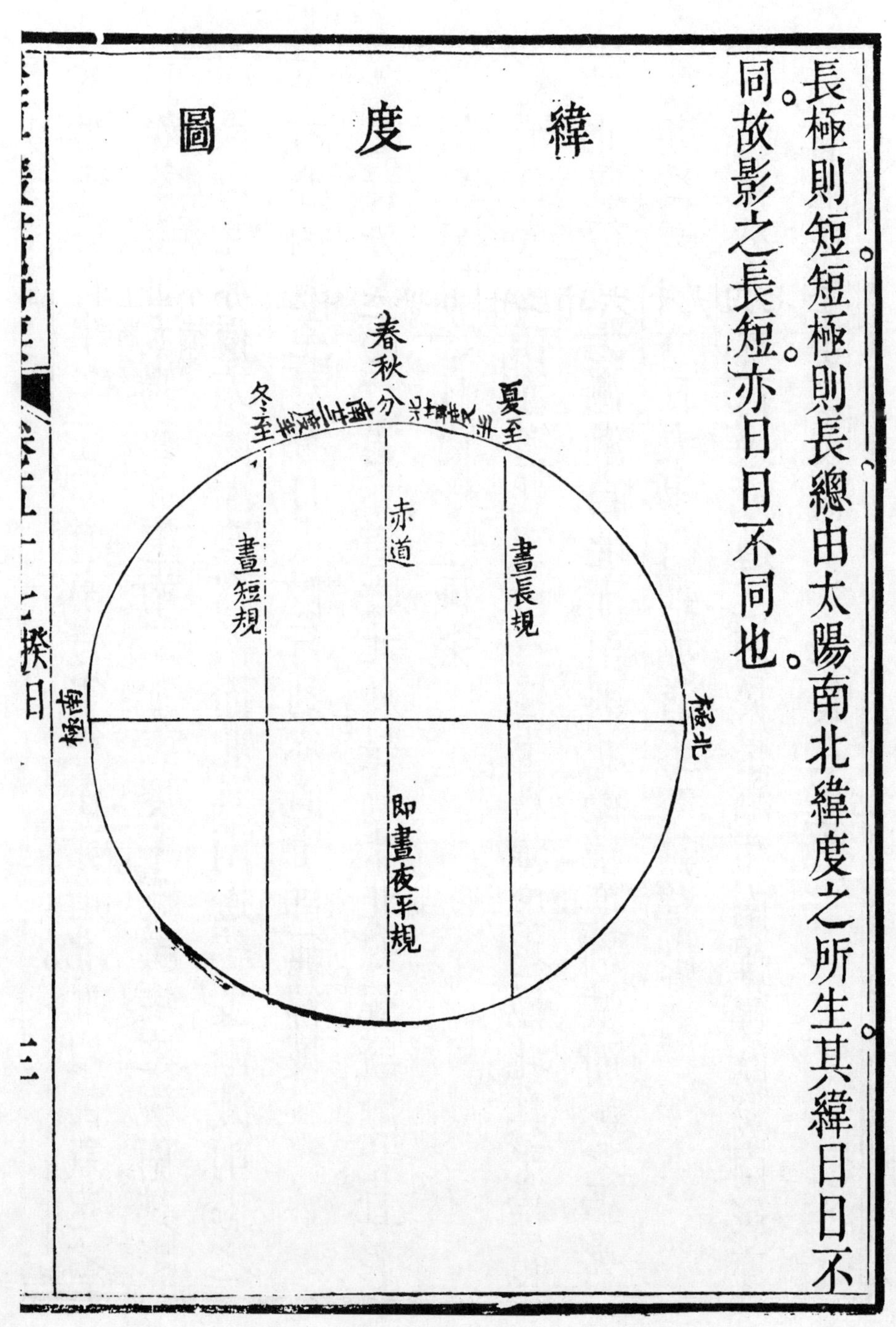

緯度表一

凡看表。上層節氣。順數而下。自初日至十五日止。下層節氣。逆數而上。亦自初日至十五日止。或論日。或論度。微有不同。然所差不遠。

太陽在赤道南

日	冬至 度	冬至 分	小寒 度	小寒 分	大寒 度	大寒 分	日
初	廿三	卅一	廿二	四〇	廿〇	十三	十五
一	廿三	卅一	廿二	卅三	十九	五九	十四
二	廿三	卅〇	廿二	廿六	十九	四七	十三
三	廿三	廿九	廿二	十八	十九	卅三	十二
四	廿三	廿七	廿二	十〇	十九	十九	十一
五	廿三	廿五	廿二	〇一	十九	〇五	十
六	廿三	廿三	廿一	五二	十八	五〇	九
七	廿三	廿〇	廿一	四三	十八	卅五	八
八	廿三	十六	廿一	卅三	十八	十九	七
九	廿三	十二	廿一	廿三	十八	〇四	六
十	廿三	〇八	廿一	十二	十七	四八	五
十一	廿三	〇四	廿一	〇一	十七	卅一	四
十二	廿二	五八	廿〇	四九	十七	十五	三
十三	廿二	五三	廿〇	卅八	十六	五八	二
十四	廿二	四七	廿〇	廿五	十六	四一	一
十五	廿二	四〇	廿〇	十三	十六	廿三	初
	大雪		小雪		立冬		

	立春		雨水		驚蟄		
初	十六度	廿三分	十一度	廿○分	○五度	五五分	十五
一	十六	○五	十一	○九	○五	廿二	十四
二	十五	四七	十○	四八	五	○九	十三
三	十五	廿九	十○	廿六	四	四五	十二
四	十五	十○	十○	○四	四	廿二	十一
五	十四	五一	○九	四二	三	五八	十
六	十四	卅二	○九	廿○	三	卅五	九
七	十四	十三	○八	五八	三	十一	八
八	十三	五三	○八	卅五	二	四七	七
九	十三	卅三	○八	十三	二	廿三	六
十	十三	十三	○七	五○	二	○○	五
十一	十二	五二	○七	廿八	一	卅六	四
十二	十二	卅三	○七	○五	一	十三	三
十三	十二	十二	○六	四二	○	四八	二
十四	十一	五一	○六	十九	○	廿四	一
十五	十一	卅○	○五	五五	○	○○	初
	霜降		寒露		秋分		

緯度表二

太陽在赤道北

	春分度	春分分	清明度	清明分	穀雨度	穀雨分	
初	○	○	○五	五五	十一	卅○	十五
一	○	廿四	○六	十九	十一	五一	十四
二	○	四八	六	四二	十二	十二	十三
三	一	十二	七	○五	十二	卅三	十二
四	一	卅六	七	廿八	十二	五三	十一
五	二	○○	七	五○	十三	十三	十
六	二	廿三	八	十三	十三	卅三	九
七	二	四七	八	卅五	十三	五三	八
八	三	十一	八	五八	十四	十三	七
九	三	卅五	九	廿○	十四	卅二	六
十	四	五八	九	四二	十四	五一	五
十一	四	廿二	十○	○四	十五	十○	四
十二	四	四五	十○	廿六	十五	廿九	三
十三	五	○九	十○	四八	十五	四七	二
十四	五	卅二	十一	○九	十六	○五	一
十五	五	五五	十一	卅○	十六	廿三	初
	白露		處暑		立秋		

	立夏 度	分	小滿 度	分	芒種 度	分	
初	十六	廿三	廿〇	十三	廿二	四〇	十五
一	十六	四一	廿〇	廿五	廿二	四七	十四
二	十六	五八	廿〇	卅八	廿二	五三	十三
三	十七	十五	廿〇	四九	廿二	五八	十二
四	十七	卅一	廿一	〇一	廿三	〇四	十一
五	十七	四八	廿一	十一	廿三	〇八	十
六	十八	〇四	廿一	廿三	廿三	十三	九
七	十八	十九	廿一	卅三	廿三	十六	八
八	十八	卅五	廿一	四三	廿三	廿〇	七
九	十八	五〇	廿一	五二	廿三	廿三	六
十	十九	〇五	廿二	〇一	廿三	廿五	五
十一	十九	十九	廿二	十〇	廿三	廿七	四
十二	十九	卅三	廿二	十八	廿三	廿九	三
十三	十九	四七	廿二	廿六	廿三	卅〇	二
十四	十九	五九	廿二	卅三	廿三	卅一	一
十五	廿〇	十三	廿二	四〇	廿三	卅一	初
	大暑		小暑		夏至		

曆算叢書輯要 卷五十七 揆日 十七

查表法

第一表是太陽在赤道南所紀度分是南緯日日不同之數管冬至小寒大寒立春雨水驚蟄其日期自上而下順推又管秋分寒露霜降立冬小雪大雪其日期自下而上逆推凡順推日期者看右行順下之數逆推日期者看左行逆上之數

第二表是太陽在赤道北所紀度分是北緯日日不同之數管春分清明穀雨立夏小滿芒種日期順推看右行又管夏至小暑大暑立秋處暑白露日期逆推看左行

凡查緯度看本日是何節氣則知太陽在赤道南或在其北又看是節氣之第幾日依表順逆查之即知太陽在赤道南北

相離幾何度分

假如辛未年四月初一日是在穀雨節內檢表便知在赤道北又查交過穀雨已有八日便於穀雨節之下從上順數而下對右行八字之格內係第九格尋其緯度是十四度十三分便是此日太陽距赤道北緯之數也

又法不用算日期只於本年七政歷尋本日太陽所到宮度加三十分即是　假如四月初一日七政歷內太陽是酉宮七度三十六分此是夜半子時度數加三十分得八度六分便是本日午上太陽躔度也以午正太陽入酉宮八度六分從本表中穀雨節一行內從上順數而下到橫對右行順下第八號之格是十四度一十三分便是此日此時太陽離赤道北之緯

度也。

以上論太陽緯度

既知緯度則日影長短之緣已得之矣。然又要知里差何也。緯度不同是天上事。乃萬國九州所同。然而人所居有南北。故所見太陽之高下各異。則其影亦異。

前所論緯度高下是每日不同。今論里差則雖同此一日而北方日影與南方不同。若不知此則誤矣。

里差南北論本地北極出地

即如四月初一日午正推得太陽在地平上高六十四度。此據京師地勢言之。若在别省則其度不同何也。北極之出地不同也。　後圖明之

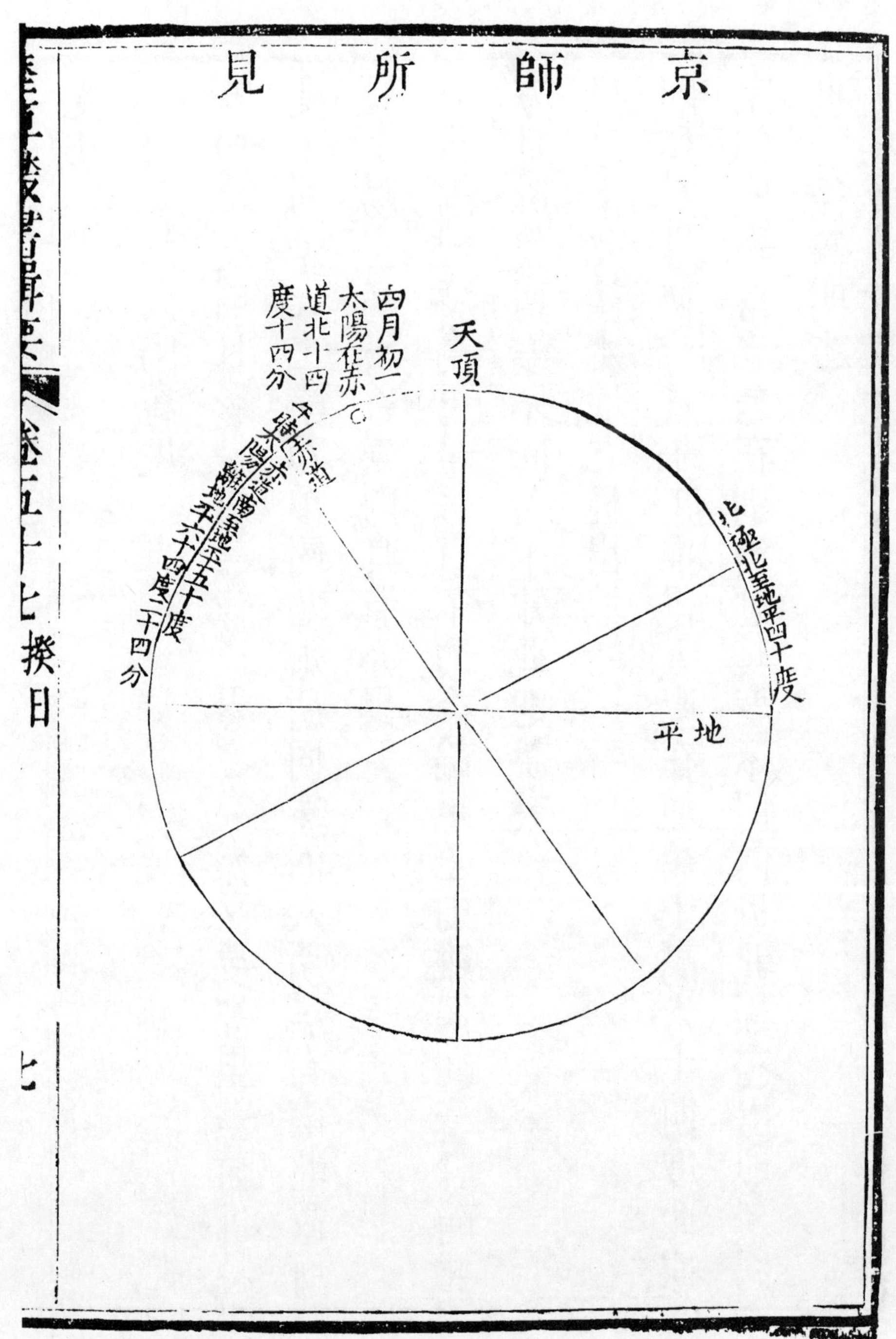
京師所見
天頂
四月初一
太陽在赤
道北十四
度十四分
北極北高地平四十度
地平
午時赤道
太陽赤道
離南高地平五十度
離地平六十四度二十四分

浙江所見

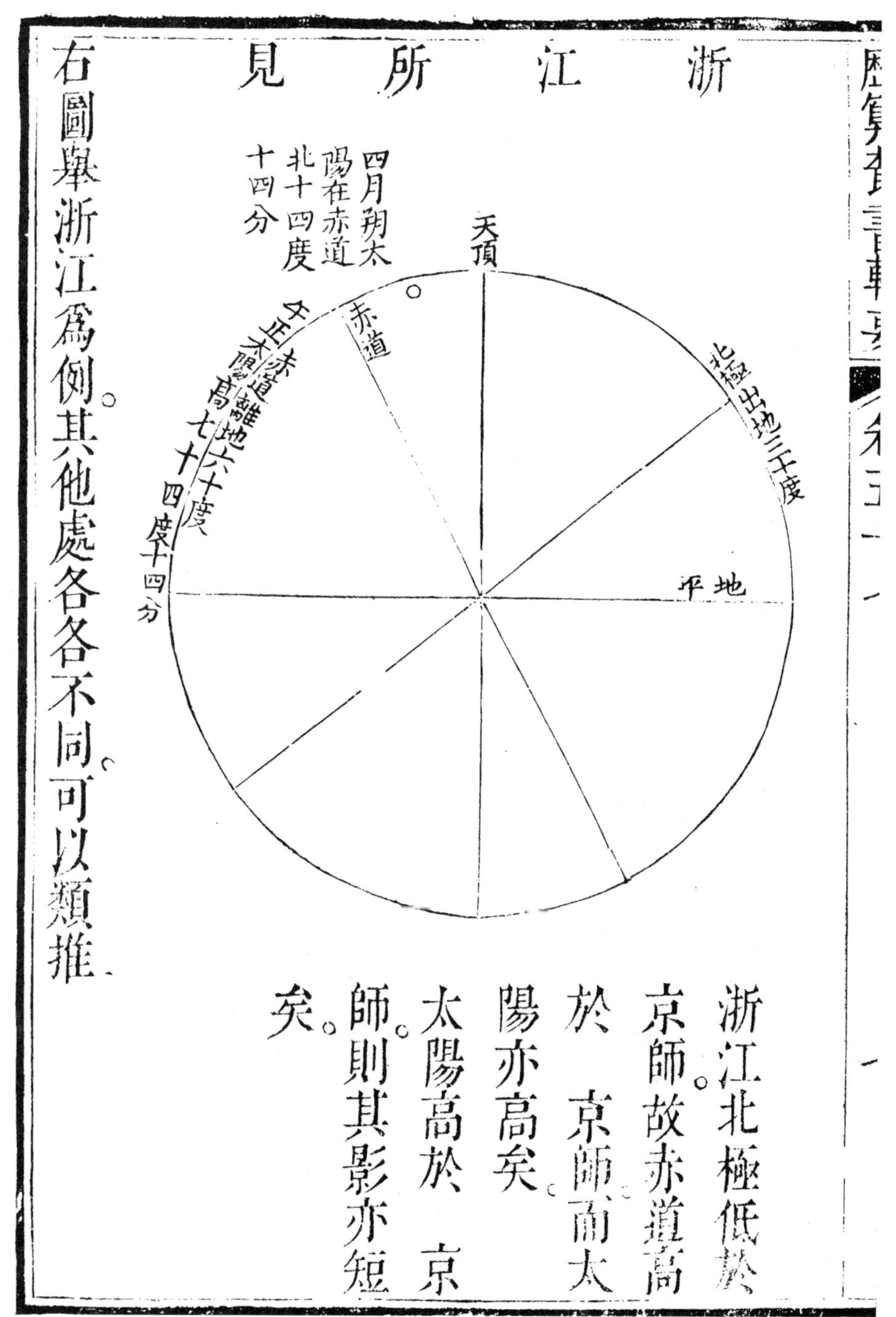

浙江北極低於京師。故赤道高於京師。而太陽亦高矣。太陽高於京師。則其影亦短矣。

右圖舉浙江爲例。其他處各各不同。可以類推。

求赤道高法

各以其地北極出地度減九十度，餘爲赤道高度。各地極出地有表在後。

以上論里差

既知太陽緯度，又知本地里差，則任舉一日，可知太陽午正之高度，而測影不難矣。然又要知句股算法及割圓八線。

凡測影有二法：一是用直表而取平地之影，又名直影；一是用橫表而取壁上之影，又名倒影。此兩者皆是句股形。

日光

橫表是句

倒影爲股

右橫表取影是倒句股

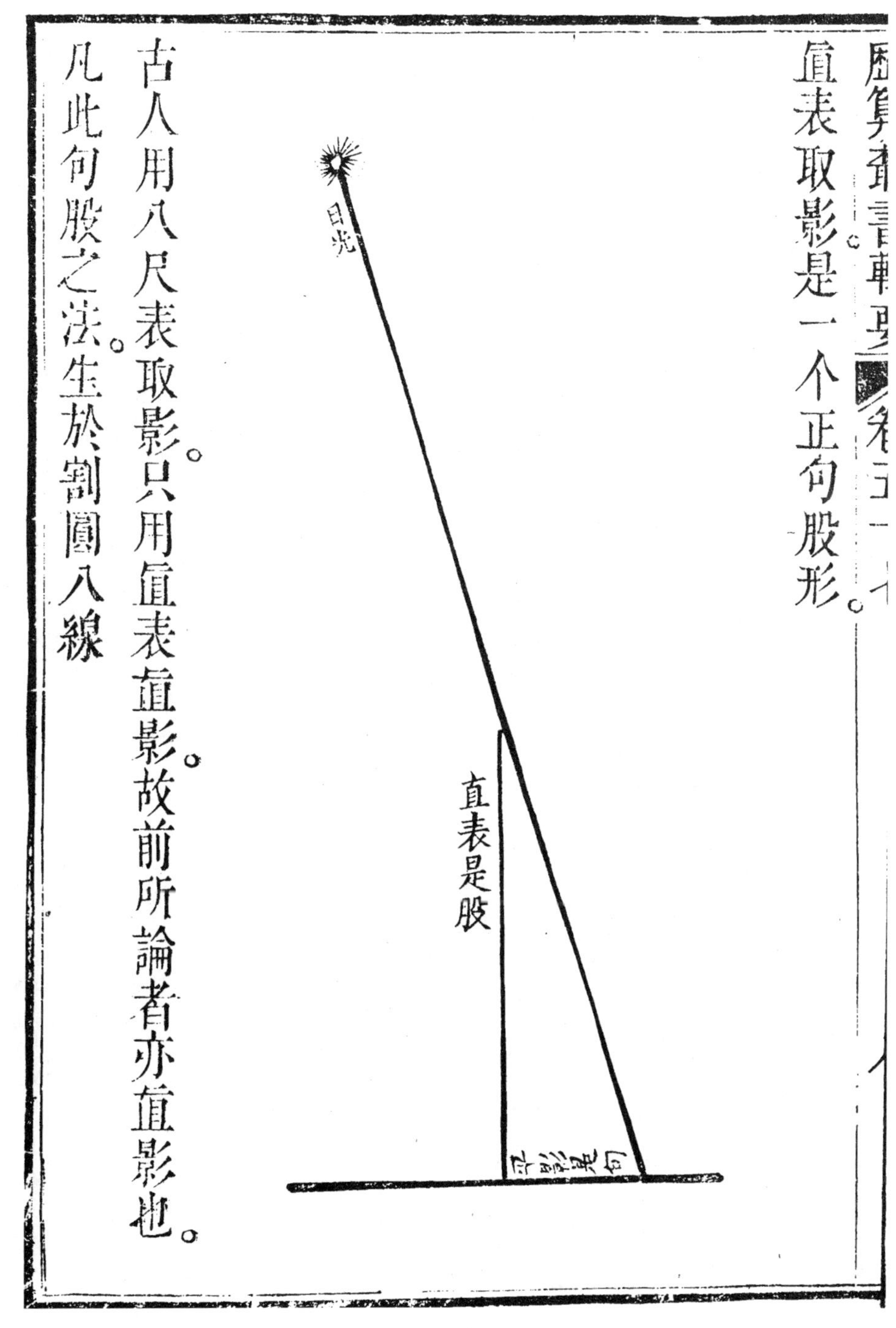

直表取影是一个正句股形。

古人用八尺表取影。只用直表直影。故前所論者亦直影也。

凡此句股之法。生於割圓八線

何以謂之割圓周天三百六十度今取其若干度而算之是將渾淪圓形剖開算之故曰割圓也

割圓有八種線俱是算句股之法今取日影則所用者切線也

切線有正有餘此因直表取影故所用者又是餘切線也

凡測影者先以緯度及里差得太陽高度即用所得高度入八線中查本度之餘切即得所求直影

假如前推四月初一日太陽高六十四度一十四分即於八線表中尋六十四度十四分之餘切線便是所得直影

八線表在歷書中其查法每度六十分自四十五度以前自上而下四十五度以後至九十度自下而上其順下逆上俱自一分起至六十分止俱要看表旁之字號對而取之

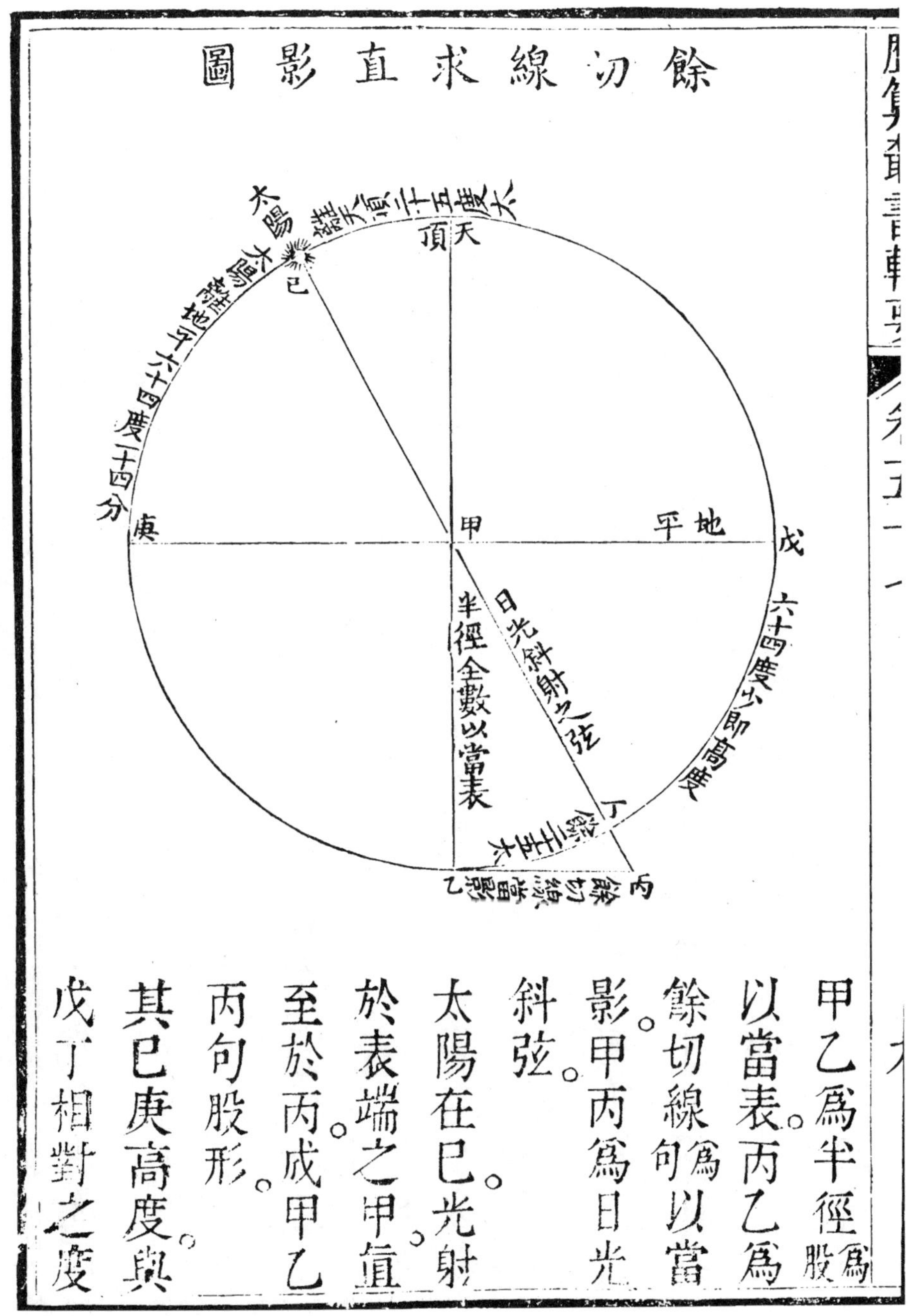

甲乙爲半徑股爲以當表。丙乙爲餘切線句爲以當影。甲丙爲日光斜弦。

太陽在巳光射於表端之甲直至於丙成甲乙丙句股形。其巳庚高度與戊丁相對之度等用戊丁卽如用巳庚也。以戊丁爲主則丁乙爲餘度而丙乙者卽戊丁高度之餘切線也。

查八線表法

先查某度。再查某線。再查某分。以横直相遇處取之。

其度數有寫在高處者。自○度起至四十四度止。有寫在下面者。自四十五度起至九十度止。其八線之號。有寫在上一層者。有寫在下一層者。其分數有自上而下者。有自下而上者。此無他故也。只看度數寫在高處者。其八線之號。如正切等。亦卽寫在上一層。而其分數亦自上而下也。若度數寫在下面者。其八線之號亦卽寫在下一層。而其分數亦自下而上也。凡一度俱有兩張。一張自○分至三十分。一張自三十分至六十分。

假如前推太陽高六十四度。便知此度數寫在下面卽于表中尋下面左角上寫有六四字樣者。此即六十四度之表也。度既寫在下。便從下一層橫看八線之號。至餘切字樣處。認定此即六十四度餘切之行也。又因度下有一十四分。便向表中原寫六四字樣處接了便是。分自此逆上一分二分以至十四分止。是所用之橫格也。依此十四分之號。橫看至餘切之行。其中所書便是六十四度十四分之餘切線數矣。他倣此。若依前加太陽十五分。便尋三十分之號。如法求之。

又式

康熙辛未七月初四日丁亥。測正午時日影。京師立表八尺。前月二十八日壬午卯時交大暑節。本日子正太陽度鬼宿三度七分。爲六宮四度三十三分。午正太陽度鬼宿三度三十六分為六宮五度。二分。黃緯十九度。五分在北。
京師赤道高五十度。午正太陽高度六十九度。五分。餘切線。三八三八六立八尺表正午日影該三尺。七分
凡立表須正取影之地須平又須正對子午。
又按此直表也故當以太陽半徑加高度而取直影。用餘切
若橫表即當以太陽半徑減高度而取倒影。用正切此測影中最精之理。不可不知。
附錄康熙丙子十一月二十七日冬至晥城午影
晥城北極高三十一度　赤道高五十九度　立表八尺　冬至日在赤道外二十三度三十一分半　午正太陽高三十五度二十八分半　餘切線一四。。六五　直影宜加太陽半

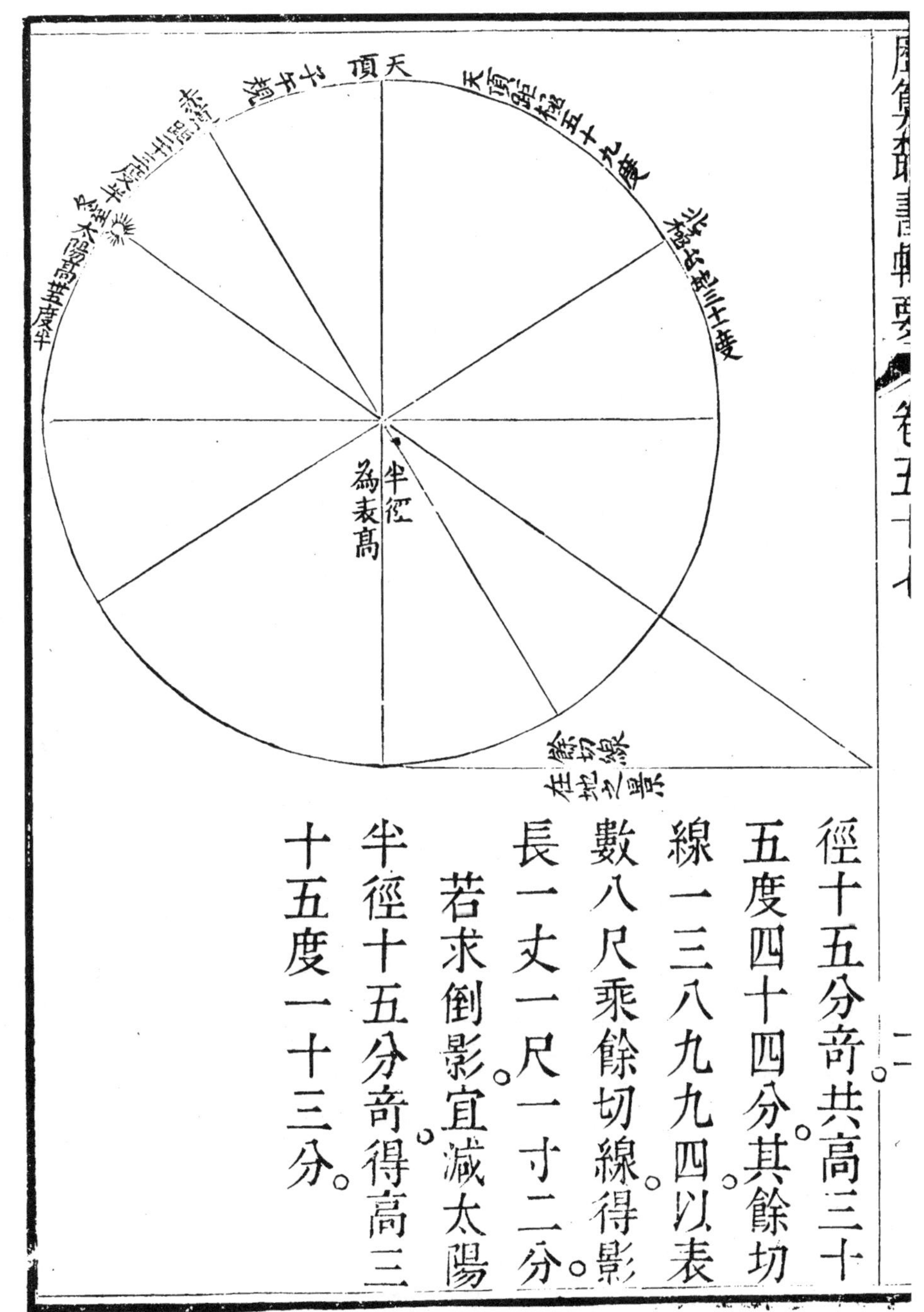

徑十五分奇。共高三十五度四十四分。其餘切線一三八九九四。以表數八尺乘餘切線。得影長一丈一尺一寸二分。

若求倒影。宜減太陽半徑十五分奇。得高三十五度一十三分。

里差表

	北極高度	分	秒		東西偏度	分	秒
盛京	四一	五一	○○	東	七	一五	○○
山西	三七	五三	三○	西	三	五七	四二
山東	三六	四五	二四	東	二	一五	○○
朝鮮	三七	三九	一五	東	一○	三○	○○
河南	三四	五二	二六	西	一	五六	○○
陝西	三四	一六	○○	西	七	三三	四○
江南	三二	○四	○○	東	二	一八	○○
湖廣	三○	三四	四八	西	二	一七	○○
浙江	三○	一八	二○	東	三	四一	二四

	北極高度	分	秒	東西偏度		分	秒
四川	三〇	四一	〇〇	西	一二	一六	〇〇
江西	二八	三七	一二	西		三七	〇〇
福建	二六	〇二	二四	東	二	五九	〇〇
廣西	二五	一三	〇七	西	六	一四	四〇
貴州	二六	三〇	二〇	西	九	五二	四〇
雲南	二五	〇六	〇〇	西	一三	三七	〇〇
廣東	二三	〇八	〇〇	西	三	三三	一五

四省表影立成

四省表影立成者。爲友人馬德稱氏作也。德稱系本西域。遠祖馬沙亦黒馬哈麻兩編修公。以善治歷見知洪武朝。受勅譯西書。其文御製稱爲不朽之智人。欽天監特寘專科肄習。子孫世其官。皆精其業。西域之言歷者宗焉。西域之歷有二。一曰動的月。以弦望晦朔爲序。乃太陰歷也。故齋期以見月爲滿。一曰不動的月。以二十四定氣爲端。乃太陽歷也。故禮拜以晷景爲憑。然此二者皆有里差。而今回回家所傳二十四節氣表景尺度。共祇一術。故德稱氏疑焉。謂其不足以盡諸省直之用。而欲有以是正之。以屬余。余既稔知西域之以天爲教。以歷爲學。經數百年能守其舊俗不變。可謂有恒。而德稱氏又能不牽於習見踵事加詳。以致其恪恭鄭重之意。深爲可敬。遂力疾爲之布算以歸之。夫歷學至今日明且確矣。而泰西氏之法大綱多出於回回。竊意如各省直里差之說。必西域所自有。或當時存而未譯。或譯之而未傳。或傳之久而殘缺。皆未可知。吾願德稱氏與其西域之耆舊。尚爲之詳徵爲而出以告世。庶有以證吾之說。而釋夫傳者之疑。以正其跡也。

四省直節氣定日表影考定

立表十尺若表短則用折算。假如用表一尺。則以尺爲寸、寸爲分。分爲釐。皆折取十分之一。若表八尺。則尺取八寸爲十之八。

廿四定氣日		北直	江南	河南	陝西
冬至		二十尺〇〇五分	十四尺八寸二分	十六尺三寸二分	十六尺九寸八分
小寒	大雪	十九尺三寸三分	十四尺三寸六分	十五尺七寸七分	十六尺四寸三分
大寒	小雪	十七尺四寸七分	十三尺一寸三分	十四尺三寸七分	十四尺九寸三分
立春	立冬	十五尺〇四分	十一尺四寸四分	十二尺五寸二分	十二尺九寸八分
雨水	霜降	十二尺五寸七分	九尺六寸五分	一十尺五寸四分	一十尺九寸二分
驚蟄	寒露	一十尺三寸三分	七尺九寸三分	八尺六寸七分	八尺九寸八分
春分	秋分	八尺三寸八分	六尺三寸七分	七尺〇〇	七尺二寸六分

節氣	節氣				
清明	白露	六尺七寸七分	五尺〇一分	五尺五寸七分	五尺八寸
穀雨	處暑	五尺四寸三分	三尺八寸三分	四尺三寸四分	四尺五寸五分
立夏	立秋	四尺三寸七分	二尺八寸八分	三尺三寸七分	三尺五寸八分
小滿	大暑	一尺六寸一分	二尺一寸三分	二尺六寸三分	二尺八寸三分
芒種	小暑	三尺一寸三分	一尺七寸三分	二尺一寸七分	二尺三寸三分
夏至		二尺九寸六分	一尺五寸八分	二尺〇三分	二尺二寸二分

右表影皆以直省城內爲準。附近二百里內外可用。其餘州縣各各不同。須以彼處北極高度定之。

一凡立表須直。不得稍偏於東西南北。則影爲之變。須以線垂而準之。古所謂八綫附臬者是也。

一植表取影之地。須極平如砥。若微有高下陂陀坑坎坳垤。則影不應矣。當以水準之。

一量表量影之尺度須極勻極細。

一取正午之影須在正南。然天上正南非羅針所指之正南也。須於羅針正午之西稍偏取之。或曰丙午之間縫針與臬影合亦非也。蓋針所指在在不同。如金陵則偏三度。此非正方案則不能定。或以歷書法用北極附近星取之。

以上四事皆求表影者所當知。

此外又有節氣加時在午前午後之不同。則影亦為之加減。假如冬至影極長。而冬至不在正午或午前或午後。則其午影必微差而短。又如夏至影極短。而夏至不在正午或午前或午後。則其午影必微長。

又如小寒至芒種十一氣。影自長而短。若其加時在午前。則午影必微短。加時在午後。則午影必微長。

又如小暑至大雪十一氣。影自短而長。若其加時在午前。則午影必微長。加時在午後。則午影必微短。

按以上加減。只在分釐。若所用徑尺之表。初無損益。可無深論也。惟春秋分及前後兩節。晷差頗速。若其加時又在亥子之間。則距午甚遠。爲差益大。不可不知。

午正太陽高九十度。已至天頂。則日中無影。其過此者。皆在天頂之北而生南影。法當以所帶零度轉減九十度。而用其餘命爲太陽在天頂北之高度。

北極出地二十度。則赤道在天頂南二十度。而夏至日躔在赤道北二十三度半。故其日午時已過天頂北三度半。而影在表南。

芒種日午正。亦過天頂北二度奇。影亦在南。

凡午影芒種必高於小滿。夏至又高於芒種。今皆反之。亦此故也。

自北極高二十三度以前。倣此論之。

宜邑謝野臣至中州。尋古測景之臺。所立石表尚存。其形似塔。上小下大。夏至日中無影。蓋其根盤半徑。即日景所到。如句。高尖距地之數爲表。如股。亦表八尺土圭尺有五寸之比側也。以此推之。則向南州邑。並可作夏至無影之石表。

仰規覆矩　以里差赤緯爲用

一査地平經度爲日出入方位

一査赤道經度爲日出入時刻

求每日出入地平廣度。春分至秋分。在正卯酉北。秋分至春分。在正卯酉南。

法以大員半徑爲一率。極高度割綫爲二率。赤道緯度正弦爲三率。求得四率爲日出入卯酉正弦。地平經度。

求每日晝刻長短。春分至秋分加。秋分至春分減。皆加減半晝二十四刻爲半晝刻。

法以大員半徑爲一率。極高度切綫爲二率。赤道緯度切線爲三率。求得四率爲日出入加減度正弦。赤道經度以變時刻爲加減之用。

求二至日出地廣度圖

廣者地平經度距正卯酉也。卽日出入方位。舉二至爲例。餘日皆以赤緯定之。

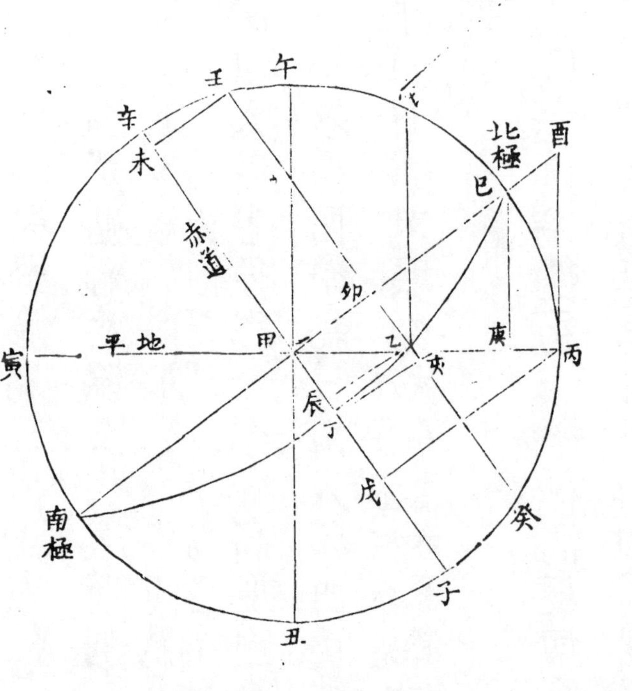

巳丙極高度　卽甲角之弧赤卽乙甲丁之餘弧　乙丁爲夏至日距赤道之緯　卽壬辛其正弦辰乙卽卯甲　今求乙甲爲夏至日出地平之廣。冬至同廣。但夏至在卯酉北。冬至在正卯酉南。逐日赤緯皆可以此法求之。得逐日出地之廣。用乙甲丁弧三角形　法爲丙戊正弦與丙甲半徑。若乙丁之正弦乙辰與乙甲也。乙甲即正弦。丙戊正弦。即北極高度之餘弦。庚甲也。以丙甲戊角。即巳甲丙之餘角。或用乙甲卯句股形　則爲庚甲餘弦巳甲丙角之餘弦與巳甲半徑。若壬辛之正弦。卯甲與乙甲也。末皆以乙甲查正弦表得弧爲出地之廣。壬辛之正弦壬未。與乙辰卯甲同大。即知乙丁與壬辛亦同大。而卯甲之弧。亦與壬辛同大。而今以直視。竟成正弦。

捷法　以比例尺取丙甲半徑於正弦線之九十度定尺。乃以乙甲正弦取對度得弧。命爲出地之廣。

通法

一	極出地餘弦	丙戊	庚甲	極高餘弦	半徑	丙甲
二	半徑	丙甲	巳甲	半徑	極高正割	酉甲
三	赤道緯南北之正弦同用	乙辰	卯甲	赤緯正弦		
四	地平經距正卯酉之正弦	乙甲	乙甲	地經度距卯酉正弦		

亦即

法曰。半徑與北極出地之割線。若赤道緯度正弦與地平出入

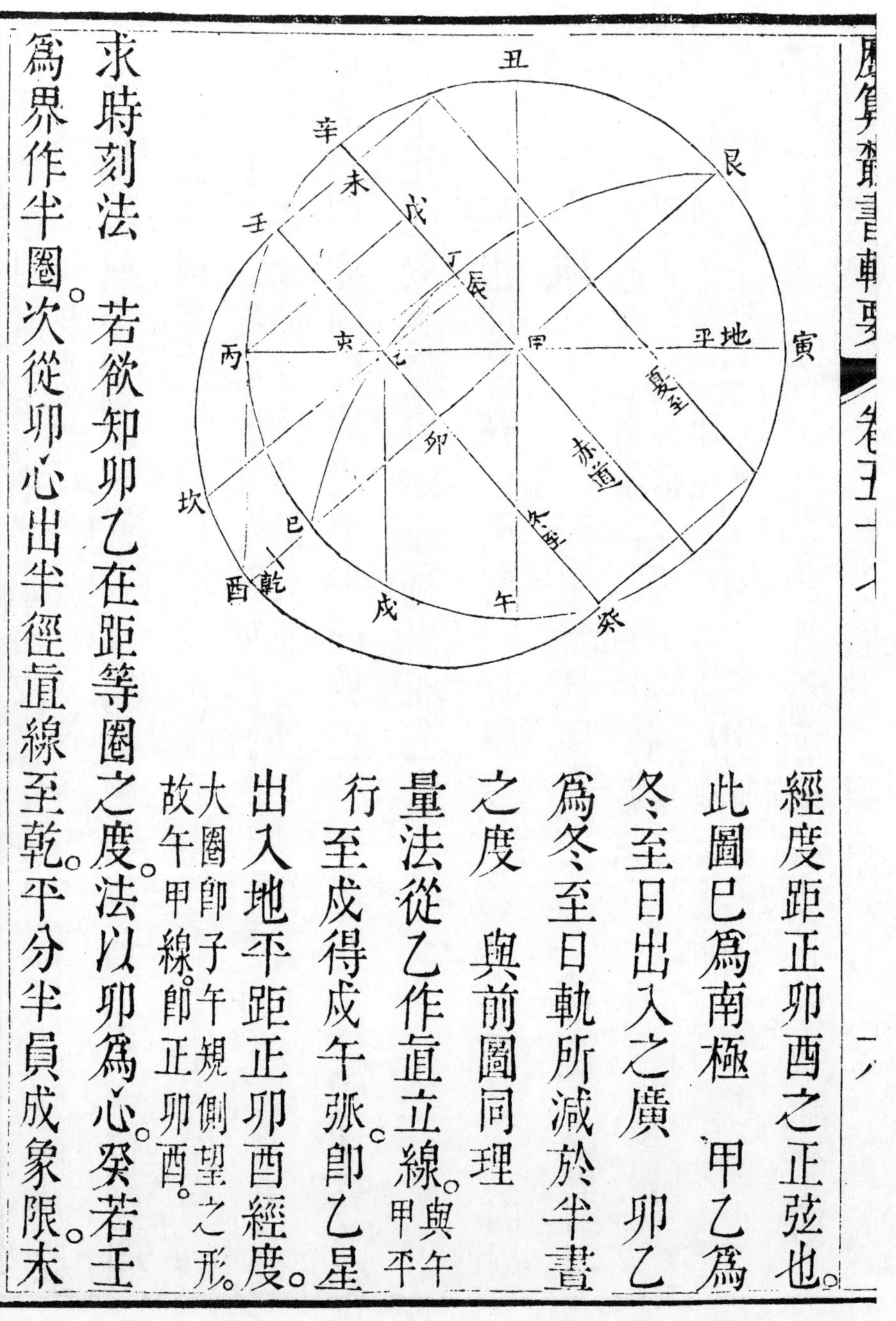

經度距正卯酉之正弦也。

此圖巳爲南極 甲乙爲冬至日出入之廣 卯乙爲冬至日軌所減於半晝之度 與前圖同理

量法從乙作直立線。與午甲平行至戌得戌午弧即乙星出入地平距正卯酉經度。大圈即子午規側望之形。故午甲線即正卯酉。

求時刻法 若欲知卯乙在距等圈之度法以卯爲心。癸若壬爲界作半圈。次從卯心出半徑直線至乾。平分半員成象限末於乙出線與卯乾半徑平行至象限弧止為乙坎。則其所分坎乾之弧。即卯乙在距等圈之度。此度與甲丁赤道度相應。可以知所歷時刻矣。

或用比例尺　以癸卯即赤緯餘弦。為距等半徑。加正弦線九十度定尺。乃以卯乙取對度得弧。

又法求時刻加減度。謂逐日時刻所加減于半晝二十四刻之數。春分後加。秋分後減。皆以度變時。用前圖巳甲乙三角形。有甲角。極出地度。有巳甲邊九十度。有巳乙邊赤緯之餘。求巳角。其弧甲丁。赤道經度。用查時刻。

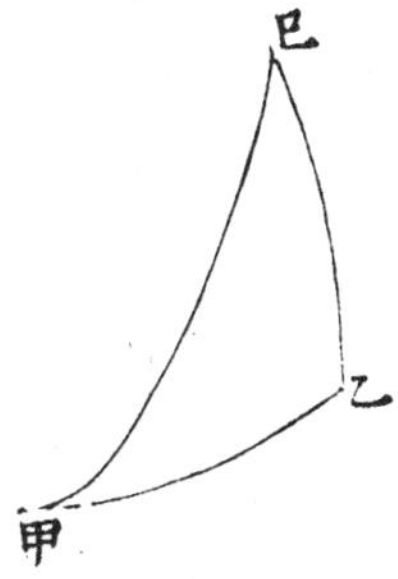

法為半徑。丙甲與甲角之切線酉丙。若巳乙之餘切亥丁。乙丁為巳乙之餘弧。故也。寔即赤緯之正切也。與巳角之正弦甲丁。甲丁即弧。即正弦。以直視故弧線變為直線。用法以甲丁查正弦表得角度。

右卽夏至卯酉前後日行地平上之赤道度。以距等圈上之卯乙。卽赤道上之甲丁。以甲丁度化時。卽得本地卯正前。酉正後所多之刻。冬至日卯後酉前所減之度及其時刻並同。逐日求之可列表。

求乙甲邊。地平經度。查日出方位。此為求出地平之廣。與前算法並同。但用斜弧形。故其名頓易。法為半徑丙甲與極出地甲角之割線酉甲。若巳乙之餘弦乙辰與乙甲邊。乙甲亦卽邊。卽正弦。末以乙甲邊查正弦表。得乙甲邊之度。

攷最高行及歲餘

古歷不知太陽有最高之行。郭太史時最高卑正在二至。難于窺測。西歷自多祿某以來。世有積測。定最高點每年東行四十五秒。每太陽平行一度。高行七微半。約八十年行天一度。康熙庚申又攷測每年行一分。一秒十微。最高點進移二十八分。故辛酉天正冬至最高在未宮七度。七分。七秒。每太陽平行一度。高行十微一。四。計五十八年十個月。六日竒行天一度。此永年表之新率也。但最高之度既改。而又自有行動。則每年歲實小餘之數必不均齊。夫治歷首務太陽。而太陽重在盈縮。爰舉歷年高行及四正相距時日。前後互核。以驗歲實之消長。高行之遲速。列爲一卷。亦可爲後來攷測之資云。

己未年最高過夏至六度三十九分

春分　甲戌日申正二刻六分

中距九十三日十二刻十二分

夏至　丁未日戌初三刻三分

中距九十三日六十一刻

秋分　辛巳日午初初刻三分　距本年春分一百八十六日七十三刻十二分

中積八十九日四十五刻一分

冬至　庚戌日亥正一刻四分　距本年夏至一百八十二日一十刻一分

中積八十九日〇八分

按最高行爲盈縮立差之主其行有序今已未最高在夏至後六度三十九分而次年庚申即行至七度七分一年之內

躔行二十八分。必另有新測矣。

庚申年最高過夏至七度七分。按永年表所載年前冬至之度分與此同。

春分　巳卯日亥正一刻十二分　距巳未秋分百七十八日四十五刻九分。巳未春分三百六十五日二十三刻六分。

中積九十三日十一刻

夏至　癸丑日丑初初刻十二分　距巳未夏至三百六十五日廿一刻九分

中積九十三日六十一刻七分

秋分　丙戌日申正三刻四分　距本年春分百八十六日七十三刻七分。巳未秋分三百六十五日二十三刻六分

中積八十九日四十六刻三十分

冬至　丙辰日寅正二刻二分　距巳未冬至三百六十五日廿四刻十三分。本年夏至一百八十三日一十三刻六分

按最高進移。則夏至差而早。冬至差而遲。意者新測之冬至。

遲於先測耶。

又按歲餘二十四刻十三分。于授時法得二千五百九十分。必無是理。其爲改測無疑。據向後數冬至距冬至春分距春分俱合得三百六十五日二十三刻四分。三分或五分以較庚申歲寔多一刻。九分必爲改測矣。

壬戌年最高過夏至七度九分

春分　庚寅日巳正初刻六分

中距九十三日十刻一十二分

夏至　癸亥日午正三刻三分　距庚申夏至七百三十日四十六刻六分

中距九十三日六十二刻九分

秋分　丁酉日寅正一刻二十二分　距本年春分一百八十六日七十三刻六分

中距八十九日四十七刻

冬至　丙寅日申正初刻十二分　距庚申冬至七百三十日四十六刻十分　本年夏至一百八十三日十三刻九分

中距八十八日九十四刻十二分

癸亥年最高過夏至七度十分

春分　乙未日申初三刻九分　距壬戌春分三百六十五日二十三刻三分　壬戌秋分一百七十八日四十五刻十二分

中距九十三日十刻十二分

夏至　戊辰日酉正二刻六分　距壬戌夏至三百六十五日二十三刻三分　壬戌冬至一百八十二日九刻〇九分

中距九十三日六十二刻九分

秋分　壬寅日巳正一刻　距本年春分一百八十六日七十三刻六分　壬戌秋分三百六十五日二十三刻三分

中距八十九日四十七刻一分

冬至　辛未日亥正初刻一分　距壬戌冬至三百六十五日二十三刻四分

中距八十八日九十四刻十二分

甲子年最高過夏至七度十一分

春分　庚子日亥初二刻十三分

中距九十三日十刻十一分

夏至　甲戌日子正一刻九分

中距九十三日六十二刻十分

秋分　丁未日申正初刻四分

中距八十九日四十七刻一分

冬至　丁丑日寅初三刻五分

中距八十八日九十二四刻十分

乙丑年最高過夏至七度十二分

本年夏至一百八十三日一十三刻十分

距癸亥秋分一百七十八日四十五刻十三分

癸亥春分三百六十五日二十三刻四分

距癸亥夏至三百六十五日二十三刻〇三分

癸亥冬至一百八十二日九刻〇八分

距本年春分一百八十六日七十三刻六分

癸亥秋分三百六十五日二十三刻四分

距癸亥冬至三百六十五日二十三刻四分

本年夏至一百八十三日十三刻十一分

春分　丙午日寅初二刻二分　距甲子秋分一百七十八日四十五刻十三分甲子春分三百六十五日二十三刻四分

中距九十三日十刻九分

夏至　巳卯日卯正初刻一十分　距甲子夏至三百六十五日二十三刻二分冬至一百八十二日九刻六分

中距九十三日六十二刻十二分

秋分　壬子日亥初三刻八分　距本年春分一百八十六日七十三刻六分

中距八十九日四十七刻十二分

冬至　壬午日巳初二刻十分　距甲子冬至三百六十五日二十三刻五分本年夏至一百八十三日十三刻十四分

中距八十八日九十四刻十一分

丙寅年最高過夏至七度十三分

春分　辛亥日巳初一刻六分　距乙丑秋分一百七十八日四十五刻十三分春分三百六十五日廿三刻四分

中距九十三日十刻八分

夏至　甲申日午初三刻十四分　距乙丑夏至三百六十五日廿三刻三分，冬至一百八十二日九刻四分

中距九十三日六十二刻十二分

秋分　戊午日寅初二刻一十分　距本年春分一百八十六日七十三刻五分

中距八十九日四十七刻四分

冬至　丁亥日申初二刻　距乙丑冬至三百六十五日二十三刻五分本年夏至一百八十三日十四刻一分

中積八十八日九十四刻十分

按日行盈縮細攷之則春分距夏至夏至距秋分雖皆縮歷而其縮亦不同秋分距冬至冬至距春分雖皆盈歷而其盈亦不同又且年年不同細求之則節節不同又細求之且日日不同矣其故何也蓋最高一點不在夏至而在其後數度又且年年移動此太陽盈縮之根而歲實所以有消長也

甲子年

春分　庚子日亥初二刻十三分　距癸亥年秋分一百七十八日四十五刻十三分　距癸亥年春分三百六十五日二十三刻四分

秋分　丁未日申正初刻四分　距春分一百八十六日七十三刻六分

乙丑年

春分　丙午日寅初二刻二分　距甲子年秋分一百七十八日四十五刻十三分　距甲子年春分三百六十五日二十三刻四分

秋分　壬子日亥初三刻八分　距本年春分一百八十六日七十三刻六分　距甲子年秋分三百六十五日二十三刻四分

丙寅年

春分 辛亥日巳初一刻六分 距乙丑年秋分一百七十八日四十五刻十三分 距乙丑年春分三百六十五日二十三刻四分

秋分 戊午日寅初二刻十一分 距本年春分一百八十六日七十三刻五分 距乙丑年秋分三百六十五日二十三刻三分

以上二分定氣之距皆相同其春分至秋分日行最高爲縮歷多八日二十七刻八分惟丙寅年秋分早到一分只多八日二十七刻七分約之爲八日二十七刻半

按最高半周多八日奇者非多八日也以較最卑半周故多八日奇若其本數只多四日有奇耳因最卑亦少四日奇故合之爲八日奇熊礵石乃謂本數多八日則所誤多矣

假如乙丑秋分至丙寅秋分共三百六十五日廿三刻二分半

之該一百八十二日五十九刻九分而丙寅春分至秋分得一百八十六日七十三刻五分則多四日一十三刻十一分。丙寅春分前距乙丑秋分得一百七十八日四十五刻十三分又少四日一十三刻十一分。合計之則爲八日二十七刻七分。半周均派各一百八十二日奇者謂之恒氣半周有盈縮者謂之定氣相差八日奇者乃兩半周定氣相較之數非一半周定氣與其恒氣自相較之數也。

甲子年

春分　庚子日亥初二刻十三分　距癸亥春分三百六十五日二十三刻四分

冬至　丁丑日寅初三刻五分　距癸亥冬至三百六十五

日二十三刻四分

乙丑年

春分　丙午日寅初二刻二分　距前春分三百六十五日

二十三刻四分

冬至　壬午日巳初二刻十分　距前冬至三百六十五日

二十三刻五分

丙寅年

春分　辛亥日巳初一刻六分　距前春分三百六十五日

二十三刻四分

冬至　丁亥日申初二刻　距前冬至三百六十五日二十

三刻五分

右冬至之小餘皆廿三刻五分或四分春分之小餘皆廿三刻四分差一分　以冬至論歲餘得授時萬分日法之二千四百三十〇半分大于消分八分　法置小餘五分以刻法十五分除之得三之一以從刻共得二十三刻又三之一爲寔九十六刻爲法除之得〇二四三〇五進四位得二千四百三十分强進四位者以萬乘也

若以春分論歲餘得授時萬分日法之二千四百二十三分六亦大于消分一分六　法以廿三刻化三百四十五分并入四分得三百四十九分爲寔日法一千四百四十分爲法除之得〇二四二三六進四位得二千四百二十三分半强

按授時消分爲不易之法今復有長者何耶西法最高之點在

兩至後數度。歲歲東移。故雖冬至亦有加減。不得以恒爲定也。此是兩法中一大節目。其法自回回曆即有之。然了凡先生頗采用回回法而不知此。熊檀石先生親與西儒論歷而亦不言及何耶。

丁卯年高中過冬至七度十四分

春分　丙辰日申初初刻十分　距丙寅秋分一百七十八日。四十五刻十四分

中積九十三日十刻七分　春分三百六十五日廿三刻四分

夏至　巳丑日酉初三刻二分　距丙寅夏至三百六十五日廿三刻三分

中積九十三日六十二刻十三分　冬至一百八十二日九刻二分

秋分　癸亥日巳初二刻　距本年春分一百八十六日七十三刻五分

中積八十九日四十七刻四分　丙寅秋分三百六十五日廿三刻四分

冬至　壬辰日亥初一刻四分　距丙寅冬至三百六十五日廿三刻四分　本年夏至一百八十三日十四刻二分

中積八十八日九十四刻十分

戊辰年高冲過冬至七度十五分

春分　辛酉日戌正三刻十四分　距丁卯秋分一百七十八日四十五刻十四分　春分三百六十五日廿三刻四分

中積九十三日十刻六分

夏至　甲午日夜子初二刻五分　距丁卯夏至三百六十五日廿三刻三分　冬至一百八十二日九刻一分

中積九十三日六十二刻十四分

秋分　戊辰日申初一刻四分　距本年春分一百八十六日七十三刻五分　丁卯秋分三百六十五日廿三刻四分

中積八十九日四十七刻六分

冬至　戊戌日寅初初刻十分　距丁卯冬至三百六十五日廿三刻六分　本年夏至一百八十三日十四刻五分

中積八十八日九十四刻七分

己巳年高冲過冬至七度十六分

春分　丁卯日丑正三刻二分　距戊辰秋分一百七十八日四十五刻十三分春分

　中距九十三日十刻六分　三百六十五日廿三刻三分

夏至　庚子日卯初一刻八分　距戊辰夏至三百六十五日廿三刻三分冬至一百

　中積九十三日六十三刻　八十二日八刻十三分

秋分　癸酉日亥初初刻八分　距本年春分一百八十六日七十三刻六分戊辰秋

　中積八十九日四十七刻六分　分三百六十五日廿三刻四分

冬至　癸卯日辰正三刻十四分　距戊辰冬至三百六十五日廿三刻四分本年夏至

　中積八十八日九十四刻八分　一百八十三日十四刻六分

庚午年高冲過冬至七度十七分

春分　壬申日辰正二刻七分　距己巳秋分一百七十八日四十五刻十四分春分

中積九十三日十刻四分　三百六十五日廿三刻五分

夏至　乙巳日午初初刻十一分　距巳巳夏至三百六十五日二十三刻三分冬至一百八十二日八刻十二分

中積九十三日六十三刻

秋分　巳卯日丑正三刻十一分　距本年春分一百八十六日七十三刻四分巳巳秋分二百六十五日廿三刻三分

中積八十九日四十七刻七分

冬至　戊申日未正三刻二分　距巳巳冬至三百六十五日廿三刻四分本年夏至一百八十三日十四刻七分

中積八十八日九十四刻七分

辛未年高冲過冬至七度十八分

春分　丁丑日未正一刻十分　距庚午秋分一百七十八日四十五刻十四分春分一百六十五日廿三刻三分

中積九十三日十刻三分

夏至　庚戌日申正三刻十二分　距庚午夏至三百六十五日二十三刻二分冬至一百八

中積九十三日六十三刻二分　十二日八刻十分

秋分　甲申日辰正三刻　距本年春分一百八十六日七十三刻五分庚午秋分二百六十五日卅三刻四分

中積八十九日四十七刻七分

冬至　癸丑日戌正二刻七分　距庚午冬至三百六十五日卅三刻四分本年夏至一百八十三日十四刻九分

按庚申年夏至至冬至。一百八十三日十三刻六分。辛未年夏至至冬至。一百八十三日十四刻九分。十二年中共長一刻。三分。中積只十一年

壬戌年冬至至次年夏至。一百八十二日九刻九分。庚午年冬至至次年夏至。一百八十二日八刻十分。九年中共消十四分。中積共只八年

又合計癸亥夏至前半周一百八十二日九刻九分　冬至前半周一百八十三日十三刻十分相較一日〇四刻一分辛未夏至前半周一百八十二日八刻十分冬至前半周一百八十三日十四刻九分相較一日〇五刻十四分八年中較數增一刻十三分

然二分之相距則無甚差何也蓋最高移而東則夏至後多占最高之度而減度加時之數益多故益長高冲移而東則冬至後多占最卑之度而加度減時之數益多故益消其近二至處皆爲加減差最大之處故消長之較巳極也

乃若二分與中距雖亦歲移而中距皆爲平度不係加減其最高前後視行小之度固全在春分後半周最高冲前後視

行大之度亦全在春分後半周。毫無動移。故無甚消長也。

諸方日軌

諸方各節氣加時太陽距地平高度表

歷書目有諸方晝夜晨昏論。及其分表。今軼不傳。交食卷內高弧表非節氣度。節氣緯度有分秒。而高弧表用整度故也。今依弧三角法推算。自北極高二十度至四十二度。逐節氣求其太陽距地高度。以立表。爲揆日之用。余孫瑴成所步也。

推算法

用斜弧三角形有兩邊一角。角在兩邊之中。而求對角之邊法。

以各地北極距天頂爲一邊。卽北極距地以減象限之餘。以逐節氣太陽距北極爲一邊。卽各節氣赤緯以減象限之餘。以太陽距午時變度爲兩邊所夾之角。而求得對角之邊。爲太陽距天頂度。以減象限。卽得高度。

北極出地二十度

	冬至 冬至	小寒 大雪	大寒 小雪	立春 立冬	雨水 霜降	驚蟄 寒露	春分 秋分	清明 白露
卯初度分								
卯正度分								二 強
辰初度分	○四 五八	五 少強	六 少	七 太強	九 太強	一二 弱	一四 強	一六 強
辰正度分	一七 ○七	一七 半強	一八 太強	二○ 太	二三 強	二五 半強	二八 強	三二 少弱
巳初度分	二八 一三	二八 太	三○ 少強	三二 太	三五 太弱	三八 太弱	四一 太弱	四四 少弱
巳正度分	三七 三四	三八 少	四○ 少弱	四三 少弱	四六 太強	五○ 太弱	五四 半弱	五七 太弱
午初度分	四四 ○五	四五 弱	四七 少弱	五○ 太弱	五五 少弱	六○ 少弱	六五 少弱	六九 太
午正度分	四六 二九	四七 一九	四九 四七	五三 三六	五八 二九	六四 ○四	七○ ○○	七五 五六

時刻	度分	穀雨 處暑	立夏 立秋	小滿 大暑	芒種 小暑	夏至 夏至
戌初	度 分					
酉正	度 分	四 弱	五 半強	六 太強	七 半強	七 太強
酉初	度 分	一七 太強	一九 少弱	二○ 少強	二○ 太強	二一 強
申正	度 分	三二 弱	三三 少弱	三四 弱	三四 半弱	三四 半強
申初	度 分	四六 ○	四七 少弱	四八 弱	四八 少弱	四八 少弱
未正	度 分	六○ 弱	六一 少強	六一 太強	六二 弱	六二 弱
未初	度 分	七三 少強	七五 少強	七六 弱	七五 四七	七五 太弱
午正	度 分	八一 三一	八六 二四	八九 四七	八七 一九	八六 二八

北極出地二十一度

節氣	卯正度	卯正分	辰初度	辰初分	辰正度	辰正分	巳初度	巳初分	巳正度	巳正分	午初度	午初分	午正度	午正分	節氣
冬至			四	三〇	一六	三三	二七	三二	三六	四五	四三	〇八	四五	二九	冬至
小寒			四	五一	一七	〇〇	二八	〇五	三七	二六	四三	五六	四六	一九	大雪
大寒			五	五四	一八	一八	二九	四四	三九	二四	四六	一五	四八	四七	小雪
立春			七	二〇	二〇	一七	三二	九	四二	二四	四九	四九	五二	三六	立冬
雨水			九	二八	二二	四二	三五	七	四六	七	五四	一八	五七	二九	霜降
驚蟄			一一	四四	二五	一八	三八	一七	五〇	六	五九	一八	六三	四	寒露
春分			一三	五九	二七	四九	四一	一八	五三	五七	六四	二二	六九	〇〇	秋分
清明	二	七	一六	六	三〇	五	四三	五五	五七	一六	六九	三	七四	五六	白露

節氣	酉正度	酉正分	酉初度	酉初分	申正度	申正分	申初度	申初分	未正度	未正分	未初度	未初分	午正度	午正分	節氣
穀雨	四	六	一七	五五	三一	五六	四五	五五	五九	四四	七二	四六	八○	三一	處暑
立夏	五	四八	一九	二七	三三	一七	四七	一五	六一	一五	七五	四	八五	二四	立秋
小滿	七	七	二○	三一	三四	一一	四八	二	六一	五七	七五	五七	八九	一三	大暑
芒種	七	五五	二一	九	三四	三九	四八	二○	六二	九	七五	五九	八八	一九	小暑
夏至	八	一三	二一	二三	三四	四九	四八	二七	六二	一○	七五	五四	八七	二八	夏至

北極出地二十二度

節氣	卯正 度分	辰初 度分	辰正 度分	巳初 度分	巳正 度分	午初 度分	午正 度分	節氣
冬至		四 二	一五 五九	二六 五○	三五 五五	四二 一一	四四 二九	冬至
小寒		四 二四	一六 二七	二七 二四	三六 三七	四二 五九	四五 一九	大雪
大寒		五 二九	一七 四七	二九 三	三八 三六	四五 一八	四七 四七	小雪
立春		七 九	一九 四八	三一 三二	四一 三九	四八 五三	五一 三六	立冬
雨水		九 一一	二二 一八	三四 三五	四五 二四	五三 二四	五六 二九	霜降
驚蟄		一一 三二	二四 五九	三七 五○	四九 二七	五八 二六	六二 四	寒露
春分		一三 五三	二七 三七	四○ 五八	五三 二五	六三 三五	六八 ○	秋分
清明	二 一三	一六 六	二九 五九	四三 四一	五六 五一	六八 二一	七三 五六	白露

節氣	酉正度分	酉初度分	申正度分	申初度分	未正度分	未初度分	午正度分	節氣
穀雨	四 一七	一八	三一 五六	四五 四九	五九 二九	七二 一四	七九 三一	處暑
立夏	六 四	一九 三七	三三 二四	四七 一七	六一 一○	七四 四七	八四 二四	立秋
小滿	七 二六	二○ 四六	三四 二二	四八 八	六二 ○○	七五 五四	八八 一三	大暑
芒種	八 一七	二一 二六	三四 五三	四八 三一	六二 一七	七六 七	八九 一九	小暑
夏至	八 二六	二一 四一	三五 四	四八 三九	六二 二一	七六 五	八八 二八	夏至

北極出地二十三度

	冬至	小寒	大寒	立春	雨水	驚蟄	春分	清明
卯正 度分								二 一九
辰初 度分	三 三五	三 五七	五 四	六 四七	八 五四	一一 二○	一三 四七	一六 六
辰正 度分	一五 二五	一五 五三	一七 一六	一九 二○	二一 五四	二四 四○	二七 二四	二九 五二
巳初 度分	二六 九	二六 四四	二八 二四	三○ 五六	三四 ○二	三七 二二	四○ 三六	四三 二七
巳正 度分	三五 五	三五 四七	三七 四八	四○ 五二	四四 四一	四八 四八	五二 五二	五六 二六
午初 度分	四一 一四	四二 二	四四 二二	四七 五七	五二 二九	五七 三四	六二 四六	六七 三八
午正 度分	四三 二九	四四 一九	四六 四七	五○ 三六	五五 二九	六一 四	六七 ○	七二 五六
	冬至	大雪	小雪	立冬	霜降	寒露	秋分	白露

節氣	酉正 度	酉正 分	酉初 度	酉初 分	申正 度	申正 分	申初 度	申初 分	未正 度	未正 分	未初 度	未初 分	午正 度	午正 分	節氣
穀雨	四	二八	二八	六	三一	五六	四五	四二	五九	一三	七一	四〇	七八	三一	處暑
立夏	六	二〇	一九	四八	三三	二九	四七	一七	六一	三	七四	二五	八三	二四	立秋
小滿	七	四五	二一	一	三四	三二	四八	一四	六二	一	七五	四七	八七	一三	大暑
芒種	八	三八	二一	四四	三五	六	四八	四一	六二	二四	七六	一〇	八九	四一	小暑
夏至	八	五八	二一	五九	三五	一八	四八	五〇	六二	二九	七六	一三	八九	二八	夏至

北極出地二十四度

節氣	卯正度	卯正分	辰初度	辰初分	辰正度	辰正分	巳初度	巳初分	巳正度	巳正分	午初度	午初分	午正度	午正分	節氣
冬至			三	七	一四	五一	二五	二七	三四	一六	四○	一七	四二	二九	冬至
小寒			三	三○	一五	二○	二六	三	三四	五八	四一	六	四三	一九	大雪
大寒			四	三九	一六	四四	二七	四四	三六	五九	四三	二五	四五	四七	小雪
立春			六	二五	一八	五二	三○	一九	四○	六	四七	二	四九	三六	立冬
雨水			八	三七	二一	二九	三三	二九	四三	五七	五一	三五	五四	二九	霜降
驚蟄			一一	八	二四	二一	三六	五四	四八	九	五六	四一	六○	四	寒露
春分			一三	四○	二七	一○	四○	一四	五二	一七	六一	五六	六六	○	秋分
清明	二	二四	一六	五	二九	四五	四三	一二	五五	五九	六六	五三	七一	五六	白露

時		穀雨／處暑	立夏／立秋	小滿／大暑	芒種／小暑	夏至／夏至
酉正	度	四	六	八	九	九
	分	三九	三五	五	〇	二〇
酉初	度	一八	一九	二一	二二	二二
	分	一一	五八	一五	〇	一七
申正	度	三一	三三	三四	三五	三五
	分	五五	三四	四二	一九	三三
申初	度	四五	四七	四八	四八	四八
	分	三四	一六	一八	四九	五九
未正	度	五八	六〇	六二	六二	六二
	分	五五	五四	〇	二八	三五
未初	度	七一	七四	七五	七六	七六
	分	三	二	三六	一〇	一六
午正	度	七七	八二	八六	八八	八九
	分	三一	二四	一三	四一	三二

北極出地二十五度

	卯正	辰初	辰正	巳初	巳正	午初	午正	
	度分	度分	度分	度分	度分	度分	度分	
冬至		二 三九	一四 一五	二四 四六	三三 二六	三九 二○	四一 二九	冬至
小寒		三 三	一四 四六	二五 二一	三四 ○八	四○ 九	四二 一九	大雪
大寒		四 一四	一六 一二	二七 ○五	三六 一一	四二 二九	四四 四七	小雪
立春		六 四	一八 二三	二九 四二	三九 一九	四六 六	四八 三六	立冬
雨水		八 一九	二一 四	三二 五六	四三 一三	五○ 四○	五三 二九	霜降
驚蟄		一○ 五六	二四 一	三六 二五	四七 二八	五五 四八	五九 ○四	寒露
春分		一三 三四	二六 五六	三九 五一	五一 四二	六一 六	六五 ○	秋分
清明	二 三○	一六 四	二九 三七	四二 五五	五五 三一	六六 七	七○ 五六	白露

節氣	酉正 度	酉正 分	酉初 度	酉初 分	申正 度	申正 分	申初 度	申初 分	未正 度	未正 分	未初 度	未初 分	午正 度	午正 分	節氣
穀雨	五	二五	一八	一六	三一	五三	四五	二五	五八	三五	七○	二五	七六	三一	處暑
立夏	六	五一	二○	八	三三	三八	四七	一四	六○	四三	七三	三四	八一	二四	立秋
小滿	八	二四	二一	二九	三四	五○	四八	二二	六一	五七	七五	二二	八五	一三	大暑
芒種	九	二一	二二	一七	三五	三一	四八	五七	六二	三○	七六	五	八七	四一	小暑
夏至	九	四二	二二	三四	三五	四四	四九	八	六二	四○	七六	一五	八八	三二	夏至

北極出地二十六度

節氣	卯正 度	卯正 分	辰初 度	辰初 分	度	分	巳初 度	巳初 分	巳正 度	巳正 分	午初 度	午初 分	午正 度	午正 分	節氣
冬至			二	一二	一三	四三	二四	○四	三二	三六	三八	二四	四○	二九	冬至
小寒			二	三六	一四	一三	二四	四○	三三	一九	三九	一二	四一	一九	大雪
大寒			三	五○	一五	四○	二六	二五	三五	二二	四一	三二	四三	四七	小雪
立春			五	四二	一七	五四	二九	○六	三八	三二	四五	一○	四七	三六	立冬
雨水			八	二	二○	四○	三二	二二	四二	二八	四九	四五	五二	二九	霜降
驚蟄			一○	四	二三	四一	三五	五六	四六	三九	五四	五五	五八	○四	寒露
春分			一三	二七	二六	四二	三九	二八	五一	○七	六○	一五	六四	○○	秋分
清明	二	三六	一六	○四	二九	三○	四二	三九	五四	五一	六五	二一	六九	五六	白露

		穀雨	立夏	小滿	芒種	夏至
酉正	度分	五 一	七 七	八 四三	九 四三	一○ ○五
酉初	度分	一八 二二	二○ 一八	二一 四二	二二 三三	二二 五一
申正	度分	三一 五二	三三 四二	三四 五九	三五 四二	三五 五七
申初	度分	四五 一五	四七 一一	四八 二五	四九 ○三	四九 一六
未正	度分	五八 一四	六○ 三一	六一 五三	六二 三一	六二 四二
未初	度分	六九 四六	七三 ○四	七五 ○四	七五 五七	七六 一○
午正	度分	七五 三一	八○ 二四	八四 一三	八六 四一	八七 三二
		處暑	立秋	大暑	小暑	夏至

北極出地二十七度

		冬至	小寒	大寒	立春	雨水	驚蟄	春分	清明
卯正	度								二
	分								四一
辰初	度	一	二	三	五	七	一○	一三	一六
	分	四四	九	二四	二○	四四	三○	二○	二
辰正	度	一三	一三	一五	一七	二○	二三	二六	二九
	分	○八	三八	八	二五	一四	二○	二七	二○
巳初	度	二三	二三	二五	二八	三一	三五	三九	四二
	分	二一	五八	四四	二六	四七	二六	三	二○
巳正	度	三一	三二	三四	三七	四一	四六	五○	五四
	分	四五	二八	三三	四四	四三	六	○	三二
午初	度	三七	三八	四○	四四	四八	五四	五九	六四
	分	二六	一五	三五	一三	四九	○	二三	三三
午正	度	三九	四○	四二	四六	五一	五七	六三	六八
	分	二九	一九	四七	三六	二九	○四	○	五六
		冬至	大雪	小雪	立冬	霜降	寒露	秋分	白露

節氣	酉正 度分	酉初 度分	申正 度分	申初 度分	未正 度分	未初 度分	午正 度分	節氣
穀雨	五 一二	一八 二五	三一 四九	四五 四	五七 五一	六九 三	七四 三一	處暑
立夏	七 二一	二○ 二七	三三 四五	四七 六	六○ 一六	七二 三一	七九 二四	立秋
小滿	九 一	二一 五五	三五 六	四八 二五	六一 四六	七四 四一	八三 一三	大暑
芒種	一○ 三	二二 四八	三五 五二	四九 八	六二 二九	七五 四三	八五 四一	小暑
夏至	一○ 二六	二三 七	三六 八	四九 二二	六二 四三	七六 ○	八六 三二	夏至

北極出地二十八度

	卯正		辰初		辰正		巳初		巳正		午初		午正	
	度	分	度	分	度	分	度	分	度	分	度	分	度	分
冬至　冬至			一	一六	一二	三三	二二	三九	三○	五五	三六	二九	三八	二九
小寒　大雪			一	四二	一三	四	二三	一六	三一	三八	三七	一八	三九	一九
大寒　小雪			二	五九	一四	三五	二五	三	三三	四三	三九	三八	四一	四七
立春　立冬			四	五八	一六	五五	二六	四八	三六	五六	四三	一七	四五	三六
雨水　霜降			七	二七	一九	四八	三一	一二	四○	五八	四七	五四	五○	二九
驚蟄　寒露			一○	一八	二二	五九	三四	五五	四五	二四	五三	七	五六	○四
春分　秋分			一三	一二	二六	一二	三八	三八	四九	五二	五八	三一	六二	○
清明　白露	二	四七	一六	○	二九	一一	四二	二	五四	○	六三	四四	六七	五六

節氣	酉正 度	酉正 分	酉初 度	酉初 分	申正 度	申正 分	申初 度	申初 分	未正 度	未正 分	未初 度	未初 分	午正 度	午正 分	節氣
穀雨	五	二二	一八	二九	三一	四五	四四	五二	五七	二七	六八	二○	七三	三一	處暑
立夏	七	三七	二○	三五	三三	四七	四七	○	六○	○	七一	五六	七八	二四	立秋
小滿	九	二○	二二	八	三五	一一	四八	二六	六一	三七	七四	一七	八二	一四	大暑
芒種	一○	二四	二二	三	三六	二	四九	一二	六二	二六	七五	二七	八四	四一	小暑
夏至	一○	四八	二三	二三	三六	一八	四九	二七	六二	四一	七五	四七	八五	三二	夏至

北極出地二十九度

節氣	卯正	辰初	辰正	巳初	巳正	午初	午正	節氣
	度分	度分	度分	度分	度分	度分	度分	
冬至		○ 四八	一一 五八	二一 五六	三○ 四	三五 三二	三七 二九	冬至
小寒		一 一五	一二 三○	二二 二四	三○ 四七	三六 二○	三八 一九	大雪
大寒		二 三四	一四 三	二四 二三	三二 五四	三八 四二	四○ 四七	小雪
立春		四 三六	一六 二五	二七 九	三六 八	四二 二一	四四 三六	立冬
雨水		七 九	一九 二二	三○ 三七	四○ 一二	四六 五八	四九 二九	霜降
驚蟄		一○ 五	二二 三八	三四 二四	四四 四一	五二 一二	五五 ○四	寒露
春分		一三 五	二五 五六	三八 一二	四九 一四	五七 二九	六一 ○	秋分
清明	二 五二	一五 五九	二九 一	四一 四二	五三 二八	六二 五五	六六 五六	白露

		穀雨	立夏	小滿	芒種	夏至
酉正	度	五	七	九	一〇	一一
	分	三三	五二	三九	四五	九
酉初	度	一八	二〇	二二	二三	二三
	分	三二	四四	二〇	一八	三九
申正	度	三一	三三	三五	三六	三六
	分	四一	四八	一八	一〇	二八
申初	度	四四	四六	四八	四九	四九
	分	三九	五四	二五	一四	三一
未正	度	五七	五九	六一	二二	六二
	分	二	四三	二六	二一	四一
未初	度	六七	七一	七三	七五	七五
	分	三六	一九	四八	七	三〇
午正	度	七二	七七	八一	八三	八四
	分	三一	二四	一四	四一	三二
		處暑	立秋	大暑	小暑	夏至

北極出地三十度

節氣	卯正	辰初	辰正	巳初	巳正	午初	午正
	度分	度分	度分	度分	度分	度分	度分
冬至／冬至		○ 二○	一一 二三	二一 一三	二九 一三	三四 三四	三六 二九
小寒／大雪		○ 四七	一一 五五	二一 五一	二九 五七	三五 二三	三七 一九
大寒／小雪		二 九	一三 三○	二三 四一	三二 四	三七 四四	三九 四七
立春／立冬		四 一四	一五 五五	二六 三○	三五 二○	四一 二四	四三 三六
雨水／霜降		六 五一	一八 五六	三○ 一	三九 二六	四六 三	四八 二九
驚蟄／寒露		九 五一	二二 一六	三三 五三	四三 五八	五一 一八	五四 ○四
春分／秋分		一二 五七	二五 三九	三七 四五	四八 三五	五六 四六	六○ ○
清明／白露	二 五七	一五 五六	二八 五○	四一 二二	五二 五四	六二 ○五	六五 五六

		夏至	芒種	小滿	立夏	穀雨
酉正	度分	一一 三一	一一 六	九 五七	八 七	五 四三
酉初	度分	二三 五四	二三 三二	二二 三二	二○ 五二	一八 三五
申正	度分	三六 三八	三六 一八	三五 二三	三三 四九	三一 三六
申初	度分	四九 三三	四九 一六	四八 二二	四六 四六	四四 二五
未正	度分	六二 三二	六二 一三	六一 一四	五九 二三	五六 三五
未初	度分	七五 八	七四 四三	七三 一八	七○ 四○	六六 五一
午正	度分	八三 三二	八二 四一	八○ 一三	七六 二四	七一 三一
		夏至	小暑	大暑	立秋	處暑

北極出地三十一度

	卯初度	卯初分	卯正度	卯正分	辰初度	辰初分	辰正度	辰正分	巳初度	巳初分	巳正度	巳正分	午初度	午初分	午正度	午正分	
冬至							一○	四八	二○	二九	二八	二二	三三	三七	三五	二九	冬至
小寒					○	二○	一一	二○	二一	八	二九	六	三四	二六	三六	一九	大雪
大寒					一	四三	一二	五七	二三	○	三一	一四	三六	四七	三八	四七	小雪
立春					三	五二	一五	二四	二五	五一	三四	三一	四○	二七	四二	三六	立冬
雨水					六	三二	一八	二九	二九	二五	三八	三九	四五	七	四七	二九	霜降
驚蟄					九	三八	二一	五四	三三	二○	四三	一五	五○	二三	五三	○四	寒露
春分					一二	四九	二五	二二	三七	一八	四七	五六	五五	五三	五九	○	秋分
清明			三	三	一五	五三	二八	三九	四一	○	五二	二○	六一	一五	六四	五六	白露

時刻		穀雨	立夏	小滿	芒種	夏至
戌初	度					○○
	分					○八
酉正	度	五	八	一○	一一	一一
	分	五四	二一	一五	二六	五二
酉初	度	一八	二○	二二	二三	三四
	分	三八	五九	四三	四六	八
申正	度	三一	三三	三五	三六	三六
	分	三一	四九	二八	二六	四六
申初	度	四四	四六	四八	四九	四九
	分	七	三七	一九	一六	三五
未正	度	五六	五九	六一	六二	六二
	分	七	二	○	○四	二四
未初	度	六六	七○	七二	七四	七四
	分	五	○	四四	一六	四四
午正	度	七○	七五	七九	八一	八二
	分	三一	二四	一三	四一	三二
		處暑	立秋	大暑	小暑	夏至

北極出地三十二度

	度分	冬至	小寒	大寒	立春	雨水	驚蟄	春分	清明
卯初	度分								
卯正	度分								三 八
辰初	度分			一 一八	三 二九	六 一五	九 二五	一二 四○	一五 五○
辰正	度分	一○ 一二	一○ 四六	一二 二四	一四 五四	一八 二	二一 三二	二五 五	二八 二七
巳初	度分	一九 四六	二○ 二五	二二 一八	二四 三四	二八 四八	三二 四八	三六 五○	四○ 三八
巳正	度分	二七 三○	二八 一五	三○ 二四	三三 四三	三七 五二	四二 三○	四七 一五	五一 四四
午初	度分	三二 三九	三三 二八	三五 五○	三九 三○	四四 一一	四九 二八	五五 ○	六○ 二四
午正	度分	三四 二九	三五 一九	三七 四七	四一 三六	四六 二九	五二 ○四	五八 ○	六三 五六
		冬至	大雪	小雪	立冬	霜降	寒露	秋分	白露

時		穀雨	立夏	小滿	芒種	夏至
戌初	度					○
	分					三五
酉正	度	六	八	一○	一一	一二
	分	四	三六	三三	四六	一二
酉初	度	一八	二一	二二	二三	二四
	分	四○	六	五四	五九	二二
申正	度	三一	三三	三五	三六	三六
	分	二五	四八	三一	三二	五三
申初	度	四三	四六	四八	四九	四九
	分	五三	二七	一四	一五	三五
未正	度	五五	五八	六○	六一	六二
	分	三八	四○	四四	五二	一四
未初	度	六五	六九	七二	七三	七四
	分	一七	一八	九	四六	一七
午正	度	六九	七四	七八	八○	八一
	分	三一	二四	一三	四一	三二
		處暑	立秋	大暑	小暑	夏至

北極出地三十三度

	卯初度	卯初分	卯正度	卯正分	辰初度	辰初分	辰正度	辰正分	巳初度	巳初分	巳正度	巳正分	午初度	午初分	午正度	午正分	
冬至							九	三七	一九	三	二六	五四	三一	四一	三三	二九	冬至
小寒							一〇	一一	一九	四二	二七	二四	三二	三〇	三四	一九	大雪
大寒					〇	五三	一一	五〇	二一	二六	二九	三三	三四	五三	三六	四七	小雪
立春					三	七	一四	二三	二四	三一	三二	五三	三八	三四	四〇	三六	立冬
雨水					五	五六	一七	三五	二八	一一	三七	五	四三	一五	四五	二九	霜降
驚蟄					九	一一	二一	九	三二	一五	四一	四六	四八	三三	五一	〇四	寒露
春分					一二	三二	二四	四七	三六	二二	四六	三四	五四	六	五七	〇	秋分
清明			三	一三	一五	四七	二八	一五	四〇	一五	五一	八	五九	三三	六二	五六	白露

時刻		穀雨／處暑	立夏／立秋	小滿／大暑	芒種／小暑	夏至／夏至
戌初	度					〇一
	分					〇
酉正	度	六	八	一〇	一二	一二
	分	一四	五〇	五一	六	三三
酉初	度	一八	二一	二三	二四	二四
	分	四二	一三	四	一二	三六
申正	度	三一	三三	三五	三六	三七
	分	一八	四七	三四	三八	三〇
申初	度	四三	四六	四八	四九	四九
	分	三七	一六	八	一二	三四
未正	度	五五	五八	六〇	六一	六二
	分	七	一六	二六	三九	四
未初	度	六四	六八	七一	七三	七三
	分	二九	三四	三一	一三	四六
午正	度	六八	七三	七七	七九	八〇
	分	三一	二四	一三	四一	三二

北極出地三十四度

節氣	卯初度	分	卯正度	分	辰初度	分	辰正度	分	巳初度	分	巳正度	分	午初度	分	午正度	分	節氣
冬至							九	一	一八	一九	二五	四七	三〇	四四	三二	二九	冬至
小寒							九	三六	一八	五八	二六	三二	三一	三三	三三	一九	大雪
大寒					〇	二七	一一	一七	二〇	五四	二八	四二	三三	五五	三五	四七	小雪
立春					三	四五	一三	五二	二三	五一	三二	四	三七	三七	三九	三六	立冬
雨水					五	三七	一七	八	二七	三四	三六	一七	四二	一八	四四	二九	霜降
驚蟄					八	五七	二〇	四六	三一	四一	四一	一	四七	三七	五〇	〇四	寒露
春分					一三	二三	二四	二九	三五	五三	四五	五三	五三	一二	五六	〇	秋分
清明			三	一八	一五	四四	二八	二	三九	五一	五〇	三一	五八	四一	六一	五六	白露

節氣	節氣	戌初 度	戌初 分	酉正 度	酉正 分	酉初 度	酉初 分	申正 度	申正 分	申初 度	申初 分	未正 度	未正 分	未初 度	未初 分	午正 度	午正 分
穀雨	處暑			六	二四	一八	四四	三一	一一	四二	一九	五四	三六	六三	四○	六七	三一
立夏	立秋			九	五	二一	一九	三三	四五	四六	四	五七	五一	六七	五○	七二	二四
小滿	大暑			一一	八	二三	一四	三五	三六	四八	一	六○	七	七○	五二	七六	一三
芒種	小暑			一二	二六	二四	二五	三六	四三	四九	九	六一	二四	七二	三九	七八	四一
夏至	夏至	○一	三二	一二	五四	二四	五○	三七	六	四九	三一	六一	四九	七三	一三	七九	三二

北極出地三十五度

節氣	卯初 度分	卯正 度分	辰初 度分	辰正 度分	巳初 度分	巳正 度分	午初 度分	午正 度分	節氣
冬至				八 二五	一七 三五	二四 五六	二九 四六	三一 二九	冬至
小寒				九 ○	一八 一五	二五 四一	三○ 三五	三二 一九	大雪
大寒			○ 二	一一 四三	二○ 一二	二七 五二	三二 五八	三四 四七	小雪
立春			二 二二	一三 二一	二三 一一	三一 一四	三六 四○	三八 三六	立冬
雨水			五 一九	一六 四○	二六 五六	三五 三○	四一 二二	四三 二九	霜降
驚蟄			八 四三	二○ 二二	三一 七	四○ 一六	四六 四二	四九 ○四	寒露
春分			一二 一四	二四 一一	三五 二四	四五 一一	五二 一八	五五 ○	秋分
清明		三 二三	一五 四○	二七 四九	三九 三七	四九 五三	五七 四八	六○ 五六	白露

		穀雨	立夏	小滿	芒種	夏至
戌初	度 分				○一 二七	○二 弱○
酉正	度 分	六 三四	九 一九	一一 二六	一二 四五	一三 一四
酉初	度 分	一八 四五	二一 二五	二三 二四	二四 三七	二五 二
申正	度 分	三一 三	三三 四二	三五 三八	三六 四七	三七 一一
申初	度 分	四三 ○	四五 五一	四七 五三	四九 四	四九 二八
未正	度 分	五四 三	五七 二四	五九 四六	六一 七	六一 三四
未初	度 分	六二 五一	六七 一三	七○ 一一	七二 二	七二 三八
午正	度 分	六六 三一	七一 二四	七五 一三	七七 四一	七八 三二
		處暑	立秋	大暑	小暑	夏至

北極出地三十六度

時刻	冬至 冬至	小寒 大雪	大寒 小雪	立春 立冬	雨水 霜降	驚蟄 寒露	春分 秋分	清明 白露
卯初 度分								
卯正 度分								三 二九
辰初 度分				二 ○	五 ○	八 二九	一二 五	一五 三六
辰正 度分	七 五○	八 二五	一○ 九	一二 五○	一六 一二	一九 五八	二三 五一	二七 三五
巳初 度分	一六 五一	一七 三一	一九 二九	二二 三○	二六 一八	三○ 三三	三四 五三	三九 二
巳正 度分	二四 四	二四 四九	二七 一	三○ 二四	三四 四二	三九 三○	四四 二八	四九 一五
午初 度分	二八 四八	二九 三八	三二 ○	三五 四三	四○ 二五	四五 四六	五一 二三	五六 五六
午正 度分	三○ 二九	三一 一九	三三 四七	三七 三六	四二 二九	四八 ○四	五四 ○	五九 五六

		穀雨	立夏	小滿	芒種	夏至
戌初	度			○○	○一	○二
	分			二三	太强	弱
酉正	度	六	九	一一	一三	一三
	分	四四	三三	四三	一	三四
酉初	度	一八	二一	二三	二四	二五
	分	四六	三一	三三	四五	一五
申正	度	三○	三三	三五	三六	三七
	分	五四	三八	三八	四六	一六
申初	度	四二	四五	四七	四八	四九
	分	四○	三七	四四	五三	二三
未正	度	五三	五六	五九	六○	六一
	分	三○	五六	二三	四二	一七
未初	度	六二	六六	六九	七一	七二
	分	一	一七	二八	一二	一
午正	度	六五	七○	七四	七六	七七
	分	三一	二四	一三	四一	三二
		處暑	立秋	大暑	小暑	夏至

北極出地三十七度

節氣	卯初度	卯初分	卯正度	卯正分	辰初度	辰初分	辰正度	辰正分	巳初度	巳初分	巳正度	巳正分	午初度	午初分	午正度	午正分	節氣
冬至							七	一四	一六	七	二二	一二	二七	五○	二九	二九	冬至
小寒							七	五○	一六	四七	二三	五七	二八	四○	三○	一九	大雪
大寒							九	三五	一八	四六	二六	一○	三一	三	三二	四七	小雪
立春					一	三七	一二	一八	二一	四九	二九	三四	三四	四五	三六	三六	立冬
雨水					四	四一	一五	四四	二五	四○	三三	五三	三九	二九	四一	二九	霜降
驚蟄					八	一四	一九	三四	二九	五八	三八	四四	四四	五○	四七	○四	寒露
春分					一一	五五	二三	三二	三四	二三	四三	四五	五○	二九	五三	○	秋分
清明			三	三三	一五	三二	二七	二○	三八	三六	四八	三六	五六	二	五八	五六	白露

		穀雨	立夏	小滿	芒種	夏至
戌初	度			〇〇	〇二	[illegible]三
	分			四八	二二	[illegible]〇
酉正	度	六	九	一二	一三	一三
	分	五四	四七	〇	二四	五四
酉初	度	一八	二一	二三	二四	二五
	分	四七	三六	四二	五九	二七
申正	度	三〇	三三	三五	三六	三七
	分	四五	三四	三八	五三	一九
申初	度	四二	四五	四七	四八	四九
	分	二〇	二二	三三	五一	一七
未正	度	五二	五六	五八	六〇	六〇
	分	五五	二七	五九	二九	五八
未初	度	六一	六五	六八	七〇	七一
	分	一〇	三〇	四四	四二	二二
午正	度	六四	六九	七三	七五	七六
	分	三一	二四	一三	四一	三二
		處暑	立秋	大暑	小暑	夏至

北極出地三十八度

節氣	節氣	卯初度	卯初分	卯正度	卯正分	辰初度	辰初分	辰正度	辰正分	巳初度	巳初分	巳正度	巳正分	午初度	午初分	午正度	午正分
冬至	冬至							六	三八	一五	二二	二二	二〇	二六	五三	二八	二九
小寒	大雪							七	一四	一六	三	二三	五	二七	四二	二九	一九
大寒	小雪							九	一	一八	三	二五	一八	三〇	五	三一	四七
立春	立冬					一	一五	一一	四七	二一	八	二八	四四	三三	四八	三五	三六
雨水	霜降					四	二三	一五	一五	二五	〇	三三	五	三八	三二	四〇	二九
驚蟄	寒露					八	〇	一九	一〇	二九	二三	三七	五八	四三	五四	四六	〇四
春分	秋分					一一	四六	二三	一二	三三	五一	四三	一	四九	三四	五二	〇
清明	白露			三	三八	一五	二七	二七	六	三八	九	四七	五六	五五	九	五七	五六

		穀雨	立夏	小滿	芒種	夏至
戌初	度			○一	○二	○三
	分			少弱	大强	二二
酉正	度	七	一○	一二	一三	一四
	分	三	○	一七	四三	一三
酉初	度	一八	二一	二三	二五	二五
	分	四七	四一	五○	一○	三八
申正	度	三○	三三	三五	三六	三七
	分	三五	二九	三七	五五	二二
申初	度	四一	四五	四七	四八	四九
	分	五八	六	二二	四三	一○
未正	度	五二	五五	五八	六○	六○
	分	二○	五六	三三	七	三七
未初	度	六○	六四	六七	七○	七○
	分	一八	四一	五九	○	四○
午正	度	六三	六八	七二	七四	七五
	分	三一	二四	一三	四一	三二
		處暑	立秋	大暑	小暑	夏至

北極出地三十九度

節氣	節氣	卯初度	卯初分	卯正度	卯正分	辰初度	辰初分	辰正度	辰正分	巳初度	巳初分	巳正度	巳正分	午初度	午初分	午正度	午正分
冬至	冬至							六	二	一四	三八	二一	二八	二五	五五	二七	二九
小寒	大雪							六	三九	一五	一九	二二	一四	二六	四四	二八	一九
大寒	小雪							八	二七	一七	二○	二四	二七	二九	八	三○	四七
立春	立冬					○	五三	一一	一五	二○	二七	二七	五四	三二	五一	三四	三六
雨水	霜降					四	四	一四	四七	二四	二三	三二	一六	三七	三五	三九	二九
驚蟄	寒露					七	四五	一八	四五	二八	四七	三七	一一	四二	五八	四五	○
春分	秋分					一一	三六	二二	五二	三三	二○	四二	一八	四八	三九	五一	○
清明	白露			三	四三	一五	二二	二六	五○	三七	四二	四七	一五	五四	一五	五六	五六

	穀雨／處暑	立夏／立秋	小滿／大暑	芒種／小暑	夏至／夏至	
戌初			○一 一九	○三 二少	○三 太強	度分
酉正	七 一三	一○ 一四	一二 三四	一四 一一	一四 三二	度分
酉初	一八 四七	二一 四五	二三 五八	二五 二○	二五 四九	度分
申正	三○ 二五	三三 二四	三五 三六	三六 五六	三七 二四	度分
申初	四一 三六	四四 四九	四七 九	四八 三三	四九 二	度分
未正	五一 四三	五五 二五	五八 七	五九 四三	六○ 一六	度分
未初	五九 二七	六三 五二	六七 一三	六九 一六	六九 五八	度分
午正	六二 三一	六七 二四	七一 一三	七三 四一	七四 三二	度分

北極出地四十度

節氣	卯初度	卯初分	卯正度	卯正分	辰初度	辰初分	辰正度	辰正分	巳初度	巳初分	巳正度	巳正分	午初度	午初分	午正度	午正分	節氣
冬至							五	二六	一三	五三	二〇	三五	二四	五七	二六	二九	冬至
小寒							六	三	一四	三五	二一	二一	二五	四六	二七	一九	大雪
大寒							七	五三	一六	三七	二三	三六	二八	一〇	二九	四七	小雪
立春					〇	三〇	一〇	四三	一九	四六	二七	四	三一	五四	三三	三六	立冬
雨水					三	四五	一四	一八	二三	四四	三一	二七	三六	三八	三八	二九	霜降
驚蟄					七	三一	一八	二〇	二八	一一	三六	二四	四二	二	四四	〇四	寒露
春分					一一	二六	二二	三一	三二	四八	四一	三三	四七	四四	五〇	〇	秋分
清明			三	四八	一五	一七	二六	三四	三七	一四	四六	三四	五三	二一	五五	五六	白露

時刻		穀雨	立夏	小滿	芒種	夏至
戌初	度			〇二	〇三	〇四
	分			〇四	四二	少強
酉正	度	七	一〇	一二	一四	一四
	分	二二	二七	五〇	二〇	五二
酉初	度	一八	二一	二四	二五	二六
	分	四七	四九	五	三〇	〇
申正	度	三〇	三三	三五	三六	三七
	分	一四	一七	三四	五七	二五
申初	度	四一	四四	四六	四八	四八
	分	一三	三一	五六	一二	五二
未正	度	五一	五四	五七	五九	五九
	分	六	五二	三八	一八	五二
未初	度	五八	六三	六六	六八	六九
	分	三五	二	二五	三一	一四
午正	度	六一	六六	七〇	七二	七三
	分	三一	二四	一三	四一	三二
		處暑	立秋	大暑	小暑	夏至

北極出地四十一度

節氣	卯初度	卯初分	卯正度	卯正分	辰初度	辰初分	辰正度	辰正分	巳初度	巳初分	巳正度	巳正分	午初度	午初分	午正度	午正分	節氣
冬至							四	四九	一三	九	一九	四三	二三	五九	二五	二九	冬至
小寒							五	二七	一三	五一	二○	二九	二四	四九	二六	一九	大雪
大寒							七	一九	一五	五四	二二	四四	二七	一二	二八	四七	小雪
立春					○	八	一○	一六	一九	四	二六	一三	三○	五六	三二	三六	立冬
雨水					三	二六	一三	四九	二三	四	三○	三八	三五	四一	三七	二九	霜降
驚蟄					七	一六	一七	五四	二七	三五	三五	三七	四一	五	四三	○四	寒露
春分					一一	一六	二二	一○	三二	一五	四○	四九	四六	四八	四九	○	秋分
清明			三	五三	一五	一一	二六	一八	三六	四六	四五	五二	五一	二七	五四	五六	白露

三二

	戌初	酉正	酉初	申正	申初	未正	未初	午正	
	度 分	度 分	度 分	度 分	度 分	度 分	度 分	度 分	
穀雨		七 三一	一八 四六	三〇 二	四〇 五〇	五〇 二八	五七 四二	六〇 三一	處暑
立夏		一〇 四〇	二一 五二	三三 一〇	四四 一二	五四 一九	六二 一二	六五 二四	立秋
小滿	〇二 半弱	一三 六	二四 一二	三五 三〇	四六 四一	五七 九	六五 三七	六九 一三	大暑
芒種	〇四 〇九	一四 三八	二五 四〇	三六 五六	四八 一一	五八 五二	六七 四五	七一 四一	小暑
夏至	〇四 四五	一五 一一	二六 一〇	三七 二六	四八 四一	五九 二九	六八 二八	七二 三三	夏至

北極出地四十二度

	冬至	小寒	大寒	立春	雨水	驚蟄	春分	清明
卯初 度分								
卯正 度分								三 五七
辰初 度分					三 七	七 一	一一 五	一五 五
辰正 度分	四 一三	五 二六	六 四四	九 三八	一三 一九	一七 二九	二一 四八	二六 一
巳初 度分	一二 二四	一三 四二	一五 一○	一八 二二	二二 二五	二六 五八	三一 四二	三六 一七
巳正 度分	一八 五○	二○ 一四	二一 五二	二五 二二	二九 四八	三四 四九	四○ 三	四五 一○
午初 度分	二三 一	二四 二八	二六 一五	二九 五九	三四 四四	四○ 九	四五 五二	五一 三三
午正 度分	二四 二九	二五 一九	二七 四七	三一 三六	三六 二九	四二 ○四	四八 ○	五三 五六
	冬至	大雪	小雪	立冬	霜降	寒露	秋分	白露

時刻	度分	穀雨／處暑	立夏／立秋	小滿／大暑	芒種／小暑	夏至／夏至
戌初	度			○三	○四	○五
	分			五五	三六	少弱
酉正	度	七	一一	一三	一四	一五
	分	四○	五三	二二	五六	二九
酉初	度	一八	二一	二四	二五	二六
	分	四五	五五	一九	四八	一九
申正	度	二九	三三	三五	三六	三七
	分	五○	三	二七	五五	二五
申初	度	四○	四三	四六	四七	四八
	分	二五	五二	二五	五八	二九
未正	度	四九	五三	五六	五八	五九
	分	五○	四四	三八	二四	○
未初	度	五六	六一	六四	六六	六七
	分	四九	二一	四八	五八	四二
午正	度	五九	六四	六八	七○	七一
	分	三一	二四	一三	四一	三二

終

歷算叢書輯要卷五十八

恒星紀要目錄

歷算叢書輯要卷五十八

宣城梅文鼎定九甫著

男 以燕正謀甫學

孫 瑴成玉汝甫 重較輯

玕成肩琳甫

釴用和

曾孫 鈖二如同較字

鈁道和

恒星紀要

中星定時

中星之法肇於堯典羲和分職測日之後繼以中星葢中星所以覘四時驗寒暑定昏旦考節氣察日度辨歲差其用甚鉅故

與測日均爲治歷之大端也第星之麗天左旋之勢則依赤道自行之度則向黄道因此星之經緯度自二道望之參差不齊法以黄赤二道之極爲宗出弧線過星體用弧三角法可推各星之經緯度在古歷未覺有恒星之行中法謂之歲差不言星行西用大儀累年密測知恒星亦依黄道每歲東行五十一秒其距黄道有定度若赤道因黄道斜絡之勢度分多變動不居因普測周天有名位之星算其二道之經緯度列表今推中星祇用赤道度以時刻憑赤道爲主故也法以星赤道度與本日太陽赤道度相離之數變時得星昏旦中之時刻取用星座除二十八舍外止用三等已上之星餘光體茫昧者可勿論也

推中星求時法

先查本年七政歷太陽宮度分至儀象志八卷內變爲赤道度分。次查所出之星在十二三卷內係若干度分。將星之度分減去太陽所變之度分。如不足減數加三百六十度減之。所餘之度分移至儀象志第五卷之變時表內變爲時刻分。從未初起算至所得時刻。即所求之時也。

推時求中星法

先查本年七政歷太陽宮度分。至第八卷儀象志內變爲赤道度分。次查所出之時刻。從未初起算。得幾時刻。移至第五卷變時表內變爲赤道經度分。時之度分。加於太陽之度分。若滿過三百六十度。則去之。所餘之度分。至十二三卷內比例相近度分之大星宿。即所求之星宿也。星宿之度分不及則偏西。有餘則偏東。

諸名星赤道經緯度加減表

星名	經度分	經度加減之數	緯度加減之數
天倉一	○度四十分	加四十六秒四十八微	減二十秒二十四微
王良四	五度二十分	加四十九秒一十二微	加二十秒二十四微
土司空七	六度三十五分	加四十六秒一十二微	減二十秒二十四微
奎宿一	九度五十分	加四十八秒一十八微	加十九秒十八微
勾陳一	一十一度三十一分	加一百四十二秒二十微	加二十秒二十四微
奎宿九	一十二度四十二分	加四十九秒四十八微	加十九秒四十八微
婁宿一	二十四度○分	加四十九秒四十八微	加十九秒十二微
天大將軍一	二十五度四十五分	加五十三秒二十四微	加一十八秒○微
外屏七	二十六度一十五分	加四十六秒四十八微	加一十八秒○微

婁宿三	二十七度一十[illegible]分	加五十一秒〇微	加一十八秒〇微
胃宿一	三十六度七分	加五十秒四十二微	加二十四秒三十六微
天囷一	四十一度二十一分	加四十五秒〇微	加一十五秒〇微
大陵五	四十一度三十八分	加四十六秒一十二微	加一十五秒〇微
天船三	四十四度五十四分	加五十二秒四十八微	加十二秒卅六微
昴宿一	五十一度五十三分	加五十三秒二十四微	加十二秒卅六微
畢宿一	六十二度一十九分	加五十三秒四十二微	加九秒〇微
畢宿五	六十四度一十八分	加五十一秒五十四微	加九秒〇微
五車二	七十三度一分	加六十五秒二十四微	加六秒〇微
參宿七	七十四度五十分	加四十五秒一十八微	減五秒四十二微
五車五	七十六度二十二分	加五十八秒一十二微	加四秒四十八微

星名	經度分	經度加減之數	緯度加減之數
參宿五	七十六度五十七分	加四十七秒二十四微	加四秒四十八微
參宿一	七十八度五十五分	加四十六秒一十二微	減四秒一十二微
觜宿一	七十九度二十五分	加五十秒二十四微	加三秒三十六微
參宿二	七十九度五十五分	加四十六秒一十二微	減三秒三十六微
參宿三	八十一度六分	加四十五秒三十六微	減三秒○微
參宿四	八十四度二十七分	加四十九秒一十二微	加二秒二十四微
五車三	八十五度五十分	加六十九秒○微	加二秒二十四微
井宿一	九十度四十七分	加五十六秒二十四微	減二秒六微
井宿三	九十四度四十三分	加五十二秒四十八微	減一秒一十二微
天狼	九十七度四十五分	加四十秒一十二微	加二秒二十四微

北河二	一百〇八度廿八分	加六十二秒二十四微	減六秒三十六微
南河三	一百一十度四十二分	加四十八秒〇微	減七秒一十二微
北河三	一百十一度二十分	加五十六秒二十四微	減七秒一十二微
鬼宿一	一百廿三度十五分	加四十九秒三十微	減一十三秒六微
柳宿一	一百廿五度一十分	加四十九秒一十二微	減十二秒十八微
星宿一	一百卅七度五十八分	加四十五秒〇微	加一十五秒〇微
張宿一	一百四十四度〇分	加四十三秒四十八微	加十六秒四十八微
軒轅十四	一百四十七度四十七分	加四十九秒三十微	減一十七秒六微
軒轅十二	一百五十度廿七分	加五十一秒一十八微	減十七秒廿四微
天璇	一百六十度十五分	加五十八秒一十二微	減十九秒十二微
天樞	一百六十度四十一分	加六十秒三十六微	減十九秒十二微

星名	經度	分	經度加減之數	緯度加減之數
翼宿一	一百六十一度	四分	加二十七秒二十四微	加十九秒三十微
西上相	一百六十四度	三分	加五十二秒一十二微	減二十秒廿四微
五帝座	一百七十三度	二分	加四十七秒二十四微	減二十秒廿四微
天機	一百七十四度	一分	加四十九秒四十八微	減二十秒廿四微
天權	一百七十九度	四十分	加四十八秒○微	減二十秒廿四微
軫宿一	一百七十九度	十五分	加四十三秒四十八微	加二十秒廿四微
玉衡	一百八十九度	四十分	加四十一秒二十四微	減十九秒四十八微
東次將	一百九十一度	廿四分	加四十六秒一十二微	減十九秒四十八微
角宿一	一百九十七度	四分	加四十七秒四十二微	加十九秒三十微
開陽	一百九十七度	卅三分	加三十七秒四十八微	減十九秒三十微

星名	經度	經度加減	緯度加減
搖光	二百三度三十七分	加三十七秒一十二微	減十九秒三十微
亢宿一	二百八度四十九分	加四十八秒三十六微	加十七秒四十二微
大角	二百一十度十三分	加四十二秒三十六微	減十七秒四十二微
氐宿一	二百十八度十六分	加四十九秒四十八微	加十六秒十二微
帝星	二百廿二度五十二分	減八秒二十四微	減十四秒十二微
氐宿四	二百廿四度五十四分	加四十八秒五十四微	加十四秒廿四微
貫索一	二百三十度十一分	加三十九秒〇微	減十二秒三十六微
蜀	二百三十二度六分	加四十五秒〇微	減十二秒三十六微
房宿一	二百三十四度五十一分	加五十二秒四十八微	加十一秒二十四微
房宿三	二百三十六度三十四分	加五十二秒四十八微	加十一秒二十四微
心宿二	二百四十二度二十四分	加五十五秒一十二微	加九秒三十六微

星名	經度 度 分	經度加減之數	緯度加減之數
尾宿一	二百四十六度三十五分	加六十一秒一十二微	加七秒三十　微
帝座	二百五十四度四十六分	加四十　秒四十八微	減四秒四十八微
候	二百五十九度五十四分	加四十二秒三十九微	減四秒一十二微
箕宿一	二百六十五度四十四分	加五十八秒三十　微	加○秒五十四微
天棓四	二百六十七度二十四分	加二十一秒　○　微	減一秒一十二微
織女一	二百七十六度十八分	加三十　秒　○　微	加二秒二十四微
斗宿一	二百七十六度二十分	加五十六秒四十二微	減二秒四十二微
座旗北七		加三十六秒三十六微	加六秒三十六微
河鼓二	二百九十三度三十七分	加四十六秒一十二微	加七秒四十八微
牛宿二	二百九十九度四十九分	加五十一秒　○　微	減九秒三十六微

牛宿一	三百　度三十四分	加五十二秒一十二微	減十秒四十八微
天津二	三百　二度三十八分	加三十二秒　六　微	加十秒四十八微
女宿一	三百　七度二十九分	加五十二秒四十八微	減十二秒五十四微
天津四	三百　七度三十九分	加三十　秒五十四微	加十二秒十八微
虛宿一	三百十八度二十九分	加四十八秒三十六微	減十五秒三十六微
壘壁陣三	三百二十度十八分	加五十一秒三十六微	減十五秒三十六微
天廚南七	三百二十度四十三分	加一十三秒一十二微	加十五秒三十六微
危宿一	三百二十七度十四分	加三十　秒一十八微	減十一秒二十四微
危宿二	三百二十八度二十二分	加四十八秒　○　微	減十七秒二十四微
北落師門	三百三十九度三十一分	加五十一秒　○　微	減十八秒三十六微
室宿二	三百四十一度五十四分	加四十三秒一十二微	加二十秒二十四微

星名	經度分	經度加減之數	緯度加減之數
室宿一	三百四十二度七分	加四十五秒〇微	加二十秒二十四微
土公一	三百五十六度三十分		
王良一	三百五十七度三十八分	加四十五秒〇微	加二十秒二十四微
壁宿二	三百五十七度五十三分	加四十六秒一十二微	加二十秒二十四微
壁宿一	三百五十九度〇分	加四十五秒三十六微	加二十秒二十四微

二十八宿距星黄赤二道經緯度

二十八宿距星赤道經緯度 自春分起算 壬子年度

各宿	經	緯	等
角一	一百九十七度○四分	南九度一十八分	一
亢一	二百○八度四十九分	南八度四十○分	四
氐一 右南	二百十八度一十六分	南一十四度二十四分	二
房一	二百三十四度五十一分	南二十五度○○分	三
心一	二百四十度一十七分	南二十四度三十五分	四
尾一	二百四十六度三十五分	南三十六度五十○分	四
箕一	二百六十五度四十四分	南二十九度五十○分	三
斗一	二百七十六度二十○	南二十七度○二分	五

牛一		三百○○度三十四分	南一十五度四十二分	三
女一		三百○七度二十九分	南一十度四十三分	四
虛一	南	三百十八度二十九分	南六度五十三分	三
危一	南	三百二十七度十四分	南一度五十一分	三
室一	南	三百四十二度○七分	北一十三度二十七分	二
壁一	南	三百五十九度○○分	北一十三度一十六分	二
奎一		九度五十○分	北二十一度三十六分	五
婁一	中	二十四度○○分	北一十九度二十○分	四
胃一		三十六度○七分	北二十六度二十○分	四
昴大		五十一度五十三分	北二十三度○一分	三
畢一		六十二度一十九分	北一十八度二十五分	三

參一		七十八度五十五分	南初度二十八分		二
觜一		七十九度二十五分	北九度四十八分		四
井一		九十一度四十七分	北二十二度四十〇分		三
鬼一		一百二十三度十五分	北一十九度一十五分		五
柳一		一百二十五度十〇分	北六度五十四分		四
星一	大	一百三十七度五十八分	南七度〇六分		一
張一		一百四十四度〇〇分	南一十三度二十五分		五
翼一		一百六十一度〇四分	南一十六度二十八分		四
軫一		一百七十九度五十五分	南一十五度三十七分		三

二十八宿距星黄道經緯度　壬子年度

各宿	宮	經	緯	等
壁一	降婁	〇四度三十八分	北一十二度三十五分	二
奎一		一十七度五十四分	北十五度一十八分	五
婁一		二十九度二十三分	北八度二十九分	四
胃一	大梁	一十二度二十三分	北十一度一十六分	四
昴一		二十五度二十四分	北四度〇〇分	三
畢一	實沈	〇三度五十三分	南三度〇〇分	三
參一		一十七度五十一分	南二十三度三十八分	二
觜一		一十九度一十二分	南十三度二十六分	四
井一	鶉首	初度四十五分	南初度五十三分	三

鬼一	鶉火一度○九分		南初度四十八分	五
柳一		五度四十六分	南一十二度十二七分	四
星一		二十二度四十六分	南二十二度廿四分	一
張一	鶉尾一度○九分		南二十六度十二分	五
翼一		一十九度一十三分	南二十二度十四一分	四
軫一	壽星六度一十三分		南十四度二十五分	三
角一		一十九度一十六分	南一度五十九分	一
亢一		二十九度五十一分	北二度五十八分	四
氐一	大火一十度三十一分		北初度二十六分	二
房一		二十八度二十五分	南五度二十三分	三
心一	析木三度一十一分		南三度五十五分	四

宿	星數	黃道經度	緯度	等
尾	一	一十度四十四分	南一十五度〇〇分	四
箕	一	二十六度二十〇分	南六度三十〇分	三
斗	一	星紀五度四十〇分	南三度五十〇分	五
牛	一	二十九度三十一分	北四度四十一分	三
女	一	玄枵七度一十二分	北八度一十〇分	四
虛	一	一十八度五十一分	北八度四十二分	三
危	一	二十八度五十〇分	北十度四十二分	三
室	一	娵訾一十八度五十七分	北十九度二十六分	一

二十八宿赤道積度　壬子年度

宿	度	宿	度
角	一十一度四十五分	亢	九度二十七分
氐	一十六度三十五分	房	五度二十六分

宿	度分	宿	度分
心	六度一十八分	尾	一十九度○九分
箕	一十度三十六分	斗	二十四度一十四分
牛	六度五十五分	女	一十一度○○分
虛	八度四十五分	危	一十四度五十三分
室	一十六度五十三分	壁	一十度五十○分
奎	一十四度十○分	婁	一十二度○七分
胃	一十五度四十六分	昴	一十度二十六分
畢	一十六度三十六分	參	初度三十分
觜	一十一度二十二分	井	三十三度二十八分
鬼	一度五十五分	柳	一十二度四十八分
星	六度○二分	張	一十七度○四分

翼	一十八度五十一分	軫	一十七度○九分

二十八宿黃道積度

角	一十度三十五分	亢	一十度四十分
氐	一十七度五十四分	房	四度四十六分
心	七度三十三分	尾	一十五度三十六分
箕	九度二十○分	斗	二十三度五十一分
牛	七度四十一分	女	一十一度三十九分
虛	九度五十九分	危	二十○度○七分
室	一十五度四十一分	壁	一十三度十六分
奎	一十一度二十九分	婁	一十三度○○分
胃	一十三度○一分	昴	八度二十九分

宿	度分
畢	一十三度五十八分
觜	一十一度三十三分
鬼	五度三十分　新測四度三十七分
星	八度二十三分
翼	一十七度〇〇分

宿	度分
參	一度二十一分
井	三十度廿五分　新測三十度廿四分
柳	十六度〇六分　新測十七度〇〇分
張	一十八度〇四分
軫	一十三度〇三分

康熙戊辰年各宿距星所入各宫度分黄道經度

井	未	初度五十九分
鬼	午	一度二十三分
柳	午	六度〇〇分
星	午	二十三度〇〇分
張	巳	一度二十三分
翼	巳	一十九度二十七分
軫	辰	六度二十七分
角	辰	一十九度三十分
亢	卯	初度〇五分
氐	卯	一十度四十五分

房卯二十八度三十九分
尾寅一十度五十八分
斗丑五度五十五分
女子七度二十六分
危子二十九度〇四分
壁戌四度五十二分
婁戌二十九度三十七分
昴酉二十五度三十八分
參申一十八度〇五分

心寅三度二十五分
箕寅二十六度三十四分
牛丑二十九度四十六分
虚子一十九度〇五分
室亥一十九度十一分
奎戌一十八度〇八分
胃酉一十二度三十七分
畢申四度〇七分
觜申一十九度二十六分

以上戊辰年經度。視儀象志。又各加一十四分。惟斗牛二宿加十五分。

紀星數

大西儒測算。凡可見可狀之星。一千二十二。若微小者或不常見者或朦黑者不與焉。其大小分爲六等。又因其難以識認。盡假取人物之像。以別其名。星非真有象也。但人借名之耳。每合數星以成一像。凡四十八像。其多寡大小不等。在黃道北者二十一像。第一曰小熊。內有七星。外有一星。二曰大熊。內二十七。外八。三曰龍。凡三十一星。四曰黃帝。內十一。外二。五曰守熊人。內二十二。外一。六曰北冕旒。凡八星。七曰熊人。內二十九。外一。八曰琵琶。凡十星。九曰鴈鵞。內二十二。外一。其十曰岳母。凡十三星。十一曰大將。內二十六。外三。十二曰御車。凡十四星。十三曰醫生。又曰逐蛇。一醫常取蛇合藥以救世。其星如人逐蛇狀。內二十四。外五。十四曰毒蛇。凡十八星十五曰箭凡五星十六曰日烏性喜視日內九外六十七曰魚將軍性好人聞人歌樂即來聽呼其名漸來就人溺水則載之岸邊人取魚彼即領衆魚至呼之彼先躍過網衆魚則羅網矣凡十星十八曰駒凡四星十九曰飛馬凡二十星二十曰公主凡二十四星二十一曰三角形凡四星共在北者三百六十星一等三二等十八三等八十四四等一百七十四五等五十八六等十三昏者十在黃道中者按節氣十二象即十二宮一曰白羊即春分清明內十三外五二曰金牛即穀雨立夏內三十三外十一三曰雙兄即小滿芒種內十八外七四曰巨蟹即夏至小暑內九外四五曰獅子即大暑立秋內二十七外八六曰列女即處暑白露內二十六外六七曰天秤即秋分寒露內八外九八曰天蝎即霜降立冬內十一外三九曰人馬即小雪大雪凡三

十一星。十曰磨羯羊頭魚尾即冬至小寒。凡二十八星。十一曰寶瓶即大寒立春。內四十二外三十二。曰雙魚即雨水驚蟄。內三十四外四。共在中者三百四十六星。一等五二等九三等六十四四等一百三十四五等一百。六等二十九。昏者三。在黃道南者十五像。一曰海獸凡二十二星。二曰獵戶凡三十八星。三曰天河凡三十四星。四曰天兎凡十二星。五曰大犬內十八外十一。六曰小犬凡二星。七曰船凡四十五星。八曰水蛇內二十五外二。九曰酒缾凡七星。十曰烏雅凡七星。十一曰半人半牛凡三十七星。十二曰豺狼凡十九星。十三曰大臺凡七星。十四曰南冕凡十三星。十五曰南魚內十二外六。共在南者三百十六星。一等七二等十八三等六十四等一百六十八五等五十三六等九昏者一三方共一千二十二星分其大小一等共十五二等共四十五三等共二百○八四等共四百七十四五等共二百十七六等共四十九昏者共十四

新增一十二像係近南極之星

火鳥十　水委三　蛇首蛇腹蛇尾十五　小斗七

飛魚七　南船五　海山六　十字架四　馬尾四

馬腹三　蜜蜂四　三角形三　海石五　金魚四

夾白二　附白一　異雀十　孔雀十　波斯十一

鳥喙六　鶴十二　共一百三十四星

據西書言彼地天文家原載可見之星分為四十八像後自弘治十年丁巳有精於天文吳默哥者行至極南見有無名多星

復有西士安德肋者亦見諸星之旁尚有白氣二塊如天漢者嗣於萬歷十八年庚寅有西士胡本篤始測定南極各星經緯度數新增一十二像至萬曆四十八年庚申湯羅兩公航海過赤道南三月有奇見南極已高三十餘度將前星一一對測經緯皆符但據云一十二像今又有二十一名何耶

地谷測定經緯之星數

曆法西傳曰地谷著書第四卷取六星之距度以經度相併適合過天之全度求角宿經緯度以起周天之度再求近赤道十二星經緯度証星之黃道緯度今古不同求星之經度并解其時八百餘星之眞經緯度五十三年前復加百餘星赤道經緯度說

按地谷實測過者只有八百星則其餘非地谷測也

新法曆書星數

曆引曰恒星爲數甚多莫能窮盡其間有光渺體微非目可及非儀可推者則畧而不錄其在等第之內已經新法所測定者南北兩極共得一千七百二十五星

又曰星以大小分爲六等第一等大星如五帝座織女類者一十七次二等如帝星開陽類者五十七次三等如太子少衛類者一百八十五次四等如上將柱史類者三百八十九次五等如上相虎賁類者三百二十三次六等如天皇大帝后宫類者二百九十五是皆有名之星共爲一千二百六十六餘則皆爲無名之星矣

西又分爲六十二象各命之以名以期便於識別

又曰西古歷亦有二十八舍義與中古相侔其所定二十八距星亦皆聦合苐觜宿距星西用天關耳

此二十八宿者各以一字命名分註每日之下内以房虚星昴爲屬太陽之日心尾畢張爲屬太陰之日是外五緯各屬四宿每以七日爲期每日各屬一宿西曆亦然義理皆符西經相傳上古有大師名諾厄者所通於天下萬國云

按天經或問恒星多寡條與此同但總數作一千一百六十六則總撒符矣　湯道未刪定歷引數同但總數百字上缺畫不明今查經緯表三等星有二百七除海石等七星仍有二百則云八十五者非矣

恒星曆指曰自古掌天星者大都以可見可測之星求其形似

聯合而爲象命之名以爲識別是有三垣二十八宿三百座一千四百六十一有名之星世所傳巫咸石申甘德之書是也西曆依黃道分十二宮其南北又三十七像亦以能見能測之星聯合成之共得一千七百二十五其第一等大星一十七次二等五十七次三等一百八十五次四等三百八十九次五等三百二十三次六等二百九十五葢有名者一千二百六十六是

按此星數與曆引同惟三等星多一百然以總數合之此爲

星屏赤道南北兩總星圖說曰舊傳三垣二十八宿共三百座一千四百六十一有名之星如世傳巫咸丹元子之書之類然細測有在疑似者今則非實測不圖舊圖未載而測有經緯亦

增入焉南極旁星向來無象無名因以原名翻譯共得星一千八百一十二第一等一十六第二等六十七第三等二百一十六第四等五百二十二第五等四百一十九第六等七十二

按此星數細數少五百總數多五百

恒星經緯表舊本一等星十七二等六十八三等二百九四等五百一十二五等三百四十六等二百一十六共一千三百六十二外有傳說積尸氣等不入等之星共七然今刻表又有不同

天學會通星數

論各星大小一等十五星二等四十五星三等二百八十星四等四百七十四星五等二百一十六星六等五十星共一千二

十九星

按此數合總該一千○八十總撒不符必有誤也薛書若此類頗多

查表一等大星畢參二五車狼老人星軒轅五帝座角大角心南門織女北落師門共十五與此合其水委不在此內

又查表三等并新增海石等共二百○七則十字衍可知

又查表二等星五十又新增海石等十七共六十七與此及歷引歷指俱不同

天文實用星數

恒星總像力條曰中曆分垣分宿計二百八十座見界諸星盡矣西國於此見界諸星約以四十八像別加近南極諸星都為

六十像騐時依像推效各異古歷家詳察星之形星之性與某物合因以某物像之

白羊宫　起降婁二十八度　止大梁一十八度

金牛宫　起大梁一十九度　止實沈二十五度

雙兒宫　起實沈二十六度　止鶉首二十四度

巨蟹宫　起鶉首二十四度　止鶉火一十二度

獅子宫　起鶉火一十三度　止鶉尾一十六度

室女宫　起鶉尾一十六度　止大火　六　度

天秤宫　起大火　六　度　止大火二十六度

天蝎宫　起大火二十七度　止析木二十五度

人馬宫　起析木二十六度　止星紀二十八度

磨羯宫　起星紀二十八度　止玄枵二十二度
寶瓶宫　起玄枵二十三度　止娵訾一十五度
雙魚宫　起娵訾一十五度　止降婁二十七度

漢志星數

漢書天文志曰。凡天文在圖籍。昭昭可知者。經星常宿。中外官凡百一十八名。積數七百八十三。

晉志星數

晉書天文志曰。馬續云。天文在圖籍。昭昭可知者。經星常宿中外官凡一百一十八名。積數七百八十三。皆有州國官宫物類之象。張衡云。文曜麗乎天。其動者有七。日月五星是也。日者陽精之宗。月者陰精之宗。五星五行之精。衆星列布。體生於地精成於列列居錯峙各有攸屬在野象物在朝象官在人象神其以神差有五列焉是爲三十五名一居中央謂之北斗四布於方各七爲二十八舍日月運行歷示吉凶五緯躔次用告禍福中外之官常明者百有二十四可名者三百二十爲星二千五百微星之數蓋萬有一千五百二十庶物蠢蠢咸得係命不然何得總而理諸後武帝時太史令陳卓揔甘石巫咸三家所著星圖大凡二百八十三官二千四百六十四星以爲定紀

隋志星數

隋天文志又列目曰經星中官乃另起敘星自北極五星起北斗輔星三公止又另起自文昌六星起至少微長垣止太微天市二垣俱雜敘其中是爲天文上卷次卷天文中列目曰二十

八舍乃另起敘星自東方角二星起又北方南斗六星西方奎十六星南方東井八星各另起而於後低三字總結之曰右四方二十八宿并輔官一百八十二星又列目曰星官在列宿之外者乃另起敘星自庫樓十星起靑丘土司空軍門止仍低三字總結之曰自攝提至此大凡二百五十四官一千二百八十三星幷二十八宿輔官名曰經星常宿遠近有度大小有差苟或失常實表災異

隋天文志曰後漢張衡爲太史令鑄渾天儀總序經星謂之靈憲其大畧曰中外之官常明者百有二十可名者三百二十爲星二千五百微星之數萬有一千五百二十庶物蠢動咸得係命而衡所鑄之圖遭亂堙滅星官名數今亦不存三國時吳太

史令陳卓始列甘氏石氏巫咸三家星官著於圖錄并注占贊總有二百五十四官一千二百八十三星并二十八宿及輔官附坐一百八十二星總二百八十三官一千五百六十五星宋元嘉中太史令錢樂之所鑄渾天銅儀以朱黑白三色用殊三家而合陳卓之數高祖平陳得善天官者周墳并宋氏渾儀之器乃命庾季才等參校周齊梁陳及祖暅孫僧化官私舊圖刊其大小正彼疎密依準三家星位以爲蓋圖以墳爲太史令自此太史觀生始能識天官

極星攷

隋書紐星去不動處一度餘

隋天文志曰北極五星皆在紫宮中北極辰也其紐星天之樞

也。天運無窮。三光迭耀。而極星不移。故曰居其所而衆星共之。賈逵張衡蔡邕王蕃陸績皆以北極紐星爲樞。是不動處也。祖暅以儀準候不動處在紐星之末猶一度有餘。

宋時極星去不動處三度餘

宋史天文志載沈括於熙寧七年七月上渾儀浮漏景表三議。其渾儀議内一則云。前世皆以極星爲天中。自祖暅以璣衡窺考天極不動處乃在極星之末猶一度有餘。今銅儀天樞内徑一度有半。乃謬以衡端之度爲率。若璣衡端平則極星常游天樞之外。璣衡小偏則極星乍出乍入。令瓚舊法天樞乃徑二度有半。蓋欲使極星遊於樞中也。臣考驗極星更三月而後知天中不動處遠極星乃三度有餘。則祖恒窺考猶未爲審。今當爲

天樞徑七度使人目切南極望之星正循北極樞裏周常見不隱天體方正（按祖衡祖恒並誤當作祖暅乃冲之子）

按古法自渾儀之南窺渾儀之北皆用衡管則必過心所得之度數亦眞惟此候極之樞似有未確何以言之南極既亦徑七度則人目可中可邊致有遊移若南樞窄小令目常在樞心則目光射星不過儀心而悉成斜望矣且以圜理徵之人目窺處即圜心爲起度之根而北極之度變七度爲三度有半矣故不如元候極儀之確元候極儀亦徑七度然設於簡儀是從心窺周其度眞確

又嘗疑西術言極星亦東行而祖暅時離不動處一度沈括時遠離三度奇可謂速矣而至郭太史時仍三度奇何以又

遲今以其儀器攷之則宋時離不動處正在二度左右耳祖氏所用儀器恐亦是自南周用目以窺北周則雖云離一度有餘若其眞度恐未及一度

宋史志極度條又言北極爲天之正中而自唐以來曆家以儀象攷測則中國南北極之正實去極星之北一度有半此葢中原地勢之度數也中興更造渾儀而太史令丁師仁乃言臨安府地勢向南於北極高下當量行移易局官呂璨言渾天無量行移易之制若用於臨安與天參合移之他往必有差忒遂罷議後十餘年邵諤鑄儀果用臨安北極高下爲之以清臺儀挍之實去極星四度有奇也

又敘中外官星言北極五星在紫微宮中北辰最尊者也其紐

星爲天樞。天樞在天心。四方去極各九十一度。賈逵、張衡、蔡邕、王蕃、陸績皆以北極紐星之樞是不動處。在紐星末猶一度有餘。今清臺儀則去極四度半。四度半。

按此兩條誤以北極出地之高下差爲極星去不動處之距度。作史者之踈乃如此。　愚前一條言用目自心窺周爲測圓正法。足証郭太史簡儀之妙。然自昔無人見及。其理甚微。無惟其然也。若後兩條之辨。苟稍知歷法者宜知之。奈何史家瞶瞶也。

歷算叢書輯要卷五十九

宣城梅文鼎定九甫著

孫　瑴成玉汝甫
玕成肩琳甫同較輯
曾孫　鈖二如
鈁導和
鏐繼美
鉞受和同較錄

歷學答問

答祠部李古愚先生

歷算之學，散見經史，固儒者所當知。然其事旣不易明，而又不切於日用，故學者置焉。博覽之士稍涉大端，自謂已足，欲如絳縣老人能自言其生之四百四十四甲子者固已鮮矣況能探討其義類乎明公夙夜在公日懋勤於職業而心閒若水孜孜好學用其心於人所不用之處真不易得鼎雖疎淺無似敢不勉竭鄙思以仰答下問之勤乎謹條如左

問授時大統二曆曆元並歲實積日日法諸數

按歷元云者歷家起算之端也然授時歷元之法與古不同請先言古法古人治歷必先立元元正然後定日法法立然後度周天其法皆據當時實測以驗諸前史所傳又推而上之至於初古之時取其歲月日時皆會甲子又在朔旦而日月五星皆同一度以此爲起算之端是謂歷元自歷元順數至今造歷之時凡歷幾何歲月是爲積年既有積年即有積日而此積日若

用整數則遇畸零難以入算而不能使曆元無餘分故必析此一日爲若干分使七曜可以通行而上可以合曆元下不違於實測是爲日法日法者即一日之細分也用此細分自一日積之至於三百六十五日又四分日之一弱使一歲之日盡化爲分是爲歲實古曆太陽每日行一度則日法即度法於是仍用此細分自一度積之至於三百六十五度又四分度之一弱使其度亦盡化爲分是爲周天數者相因乃作歷之根本自漢太初曆以後歷晉唐五代宋遼金諸家歷法代有改憲然其規模次第皆大同而小異耳

右古法曆元等項

惟元授時曆不然其說以爲作曆當憑實測而必逆推上古虛

立積年必將遷就其畸零之數以求密合既有遷就久則易差故不用積年之法而斷自至元十七年辛巳歲前天正冬至爲元上考往古下驗將來皆自此起算棄虛立之元用實測之度順天求合一無遷就可謂開拓萬古之心胸者矣至於大統則以洪武十七年甲子爲元然特易其名而已一切步算皆本授時名雖洪武甲子實用至元辛巳也

右授時大統曆元

惟授時不用積年故日法亦可不立而徑以萬分爲日萬分者日有百刻刻有百分故一萬也古諸家曆法雖皆百刻而刻非百分其日法皆有畸零授時以萬分爲日竟是整數故曰不用日法然即此是其日法矣

右授時日法大統同。

授時既以萬分爲日故其歲實三百六十五萬二千四百二十五分其數自辛巳歲前天正冬至。即庚辰年十一月中氣。積至次年壬午歲前天正冬至。即辛巳本年十一月中氣。共得三百六十五日二十四刻二十五分也若逆推前一年。亦是如此。如自庚辰年十一月冬至逆推至己卯年十一月冬至。亦是三百六十五日二十四刻二十五分。此歲實之數大統與授時並同。然授時原有消長之法是其新意其法自辛巳元順推至一百年則歲實當消一分。依法推至洪武十四年辛酉。滿一百年。其歲實消一分爲三百六十五日二十四刻二十四分。若自辛巳元逆推至一百年。則歲實當長一分。依法推至宋孝宗淳熙八年辛丑。滿一百年。歲實長一分爲三百六十五日二十四刻二十六分。每相距增一百年則歲實消長各增一分。以是爲上考下求之準。

大統諸法悉遵授時。獨不用消長之法。上考下求。總定爲三百六十五日二十四刻二十五分此其異也。

右授時大統歲實

歲實卽一年之日數也。自一年以至千年百年。共積若干。是爲積日亦謂之中積分。上考下求。皆距至元辛巳立算。

假如今康熙庚午歲相距四百零九算。自辛巳元順推至今康熙庚午。四百一十年。法以積年減一。得實距四百零九年。依授時法推得積日一十四萬九千三百八十四日零一刻八十九分。因距算四百以上。歲實當消四分。爲三百六十五日二十四刻二十一分。以乘距算四百零九。得如上數。是爲庚午歲前天正冬至上距辛巳歲前天正冬至之積日。若以日爲萬分。則所得化爲一十四億九千三百八十四萬零一百八十九分。謂之中積分。大統法不用消長。則積日爲一十四萬九千三百八十四日一十八刻二十五分。中積分一十四億九千三百八十四萬一千八百二十五分。兩法相差二十六刻三十六分。以命冬至日辰，授時得癸卯日丑初三刻。大統得癸卯日卯初三刻。兩法皆加氣應。

右授時大統積日

以上數端並在步氣朔章是太陽項下事也其曆元七曜同用乃根數所立之處也

問授時大統二曆月法轉周交周諸數

按月法者即朔策也亦曰朔實其法自太陽太陰同度之刻算至第二次同度為兩朔相距之中積分平分之則為望策四分之則為弦策望者日月相望距半周天弦者近一遠三上弦月在日東下弦月在日西皆相距天周四之一授時朔策二十九萬五千三百零五分九十三秒即二十九日五十三刻零六分

弱也大統同

右月法

月平行每日十三度有奇然有時而疾則每日十四度奇有時而遲則每日只十二度奇是爲月轉初入轉則極疾疾極而平平而遲遲極又平平而又疾以此遂有疾初疾末遲初遲末四限滿此一周謂之轉終授時轉終二十七日五十五刻四十六分大統同

右轉法

月不正行黃道而出入其内外故謂之交交者言其道交於黃道也月行天一周其交於黃道只有二處其始從黃道内而出於其外此時月道自北而南在黃道上斜穿而過謂之正交自

正交行九十一度。（就整數）離黃道南六度。自此再行九十一度。又自黃道外而入於其内。此時月道自南而北。亦斜穿黃道而過。謂之中交。中交行至九十一度。時離黃道北亦六度。自此再九十一度。又自黃道内而出於其外。復爲正交矣。其法以正交後半周爲陽曆。中交後半周爲陰曆。滿此一周。謂之交終。授時交終二十七日二十一刻二十二分二十四秒。大統同。

右交道。

以上三端。朔策在步氣朔章。轉終在步月離章。交終在步交會章。並太陰項下事也。

問授時曆有氣應何義。

按氣應爲授時四應數之一。其法創立。古曆所無也。古曆立元。

皆起初古故但有積年而無根數（卽應數）。授時既不立積年而用截算不得不有四應數以紀當時實測之數爲上考下求之根而氣應居一焉氣卽中氣節氣二十四中節皆始冬至故氣應者卽冬至相應之眞時刻也當時實測辛巳歲前天正冬至是己未日丑初一刻故曰氣應五十五萬零六百分卽五十五日零六刻也其法自甲子日爲一數起挨算至戊午日得滿五十五日又加子正後六刻則爲己未日丑初一刻矣

氣應之外又有閏應以紀經朔轉應以紀月之遲疾曆交應以紀月之陰陽曆亦是截算皆實測辛巳年天正冬至氣應（己未日丑初一刻）所得上距經朔及距入轉距正交各相應之數也依法推到辛巳年天正經朔三十四日八十五刻半爲戊戌日戌正

二刻。在氣應冬至前二十日二十刻五十分。其已未冬至氣應。則爲經朔之二十二日。凡此皆曆經所未明言。茲特著之。

問推步交食之法

按曆家之法。莫難於交食。其理甚精。其法甚備。故另爲一章。若知交食。則諸法盡知矣。然必能推步而加以講究。然後能由其當然。以知其所以然。是謂眞知。苟未能然。則所知或未全耳。請言其槩。蓋曆法代更。由疎漸密。其驗在於交食。約畧言之。有宜知者二端。其一古者只用平朔。平朔者。一大一小相間。故漢晉史志。往往有日食不在朔而在朔之二日或晦日者。自唐李淳風麟德曆始用定朔。至一行大衍曆又發明之。始有四大三小之月。而蝕必在朔。此是一層道理。其一自北齊張子信積候合蝕加時立入氣加減唐宣明曆本之立氣刻時三差至今遵用即授時曆之時差及東西南北差也此又是一層道理前一說由平朔改爲定朔其根在天蓋以日躔有盈縮月離有遲疾天上行度應有之差天下所同也後一說於定朔之外又立三差其根在地蓋以日高月卑正相掩時中間尚有空隙人所居地面不同而所見虧復之時刻與食分之淺深隨處各異謂之視差非天上行度有殊而生於人目一方所獨也知此兩端而交食之理思已過半即曆法古疏今密之故亦大槩可見矣至於入算須看假如諸書中具有成式然但能依法推步者亦未必盡知其理故謹以拙見畧疏大意不知於來諭所謂已明其理者同異何如統容晤悉

問發斂加時之法

發斂加時之法按此即九章中通分法也授時曆以一日爲一萬分整數今欲均分爲十二時每時各得八百三十三分三三不盡故依古法以十二通之每一分通爲十二小分則日周一萬通爲一十二萬而每時各得一萬故每遇一萬爲一時也然滿五千亦進一時者時分初正各四刻奇曆家以子正四刻爲今日子初四刻爲昨日今滿五千即是半時以當子正之四刻輳完昨夜子初之四刻而成一時故命起子初算外即丑初乃借算也（遇有五千進一時者一時算外是丑初二時算外是寅初餘倣此）若以一萬爲一時者命起子正算外即丑正乃本算也（無五千進一時者一時算外是丑正二時算外是寅正餘倣此）其取刻數又仍以十二除之何也曰此通分還原也時下零

分是以十二乘過之小分今仍以十二除之十二小分收爲一大分復還原數則所存者即日周一萬之分而每百分命爲一刻矣

一法加二爲時減二爲刻即是前法但以加減代乘除非有二也何以言之乘法是兩位俱動而數陞者位反降加法則本位不動而但加二數於下位也減二亦然凡珠算十二除當一歸二除今用減二則本位不動但於下位減二即定身除也臺官不明算理往往於此處有誤但知以加減代乘除則了然矣是故算數者治曆之本也

又按發斂二字乃日道發南斂北之謂蓋主乎北極爲言則夏至近極爲斂冬至遠極爲發而自冬至以至夏至則由遠而近

自夏至以至冬至，則由近而遠，總謂之發斂。古諸家曆法，皆以發斂另爲一章，其中所列爲二十四氣、七十二候之類，而加時之法附焉，故曰發斂加時。言發斂章各節候加時法也。元統作通軌，誤以十二通分爲發、十二除收刻爲斂，則以發斂爲算法之名，失其指矣，而律曆攷因之，以訛不可不知也。

問：以授時法上推春秋魯隱公三年辛酉歲，距至元辛巳二千年，中積七十三萬零四百八十九日，天正冬至六日零六刻，閏餘二十九日四十八刻，經朔三十六日五十七刻。今依法以滿甲子除中積，而求冬至則合；以月策除中積，而求經朔則不合，有一日三刻之差。其經朔應在冬至前耶？抑冬至在經朔前耶？

按此以百年長一之法上推往古中積諸數原自不錯惟求經朔閏餘則誤加爲減故有一日三刻之差而所以差者由於未深明經朔閏餘立法之源也今具論之

經朔者日月合朔之常日也冬至者日軌南至而影長之日也日南至而影長是日與天會也日月合朔是月與日會也月會日謂之一月日會天謂之一年二者常不齊此曆法所由起也

天正經朔

閏餘

天正冬至

古曆十九年七閏謂之一章章首之年至朔同日其餘則皆不同日矣故天正經朔常在冬至前冬至常在經朔後自經朔至冬至其間所歷日時謂之閏餘以閏餘減冬至得經朔以閏餘加經朔得冬至理數

之自然也。

今自至元辛巳。逆推隱公辛酉。法當以所得中積七十三萬零四百八十九日在位。用至元閏應二十〇日二十〇刻半減之。餘七十三萬零四百六十八日七十九刻半爲閏積。以朔策二十九日五十三刻〇五分九十三秒爲法除之。得二萬四千七百三十六個月。仍有不滿之數四刻六十五分五十二秒。用以轉減朔策。餘二十九日四十八刻四十〇分四十一秒。爲其年之閏餘分。即是其年冬至在經朔後之日數也。

凡求經朔之法。當於冬至内減閏餘。今推得其年冬至是六日。零六刻。不及減閏餘。故以紀法六十日加冬至而減之。得三十六日五十七刻五十九分五十九秒。爲其年天正經朔。是庚子日子正後五十七刻半強也。

復置經朔三十六日五十七刻五九五九以閏餘二十九日四十八刻四零四一加之得六十六日零六刻除滿紀法去之仍得六日零六刻卽是其年冬至爲庚午日子正後六刻也。庚午距庚子整三十日卽知其年冬至在次月朔爲至朔同日之年。而年前閏十二月矣。

今誤以閏餘去減經朔爲冬至所以差一日三刻也。經朔三十六日五十七刻內。減去閏餘二十九日四十八刻。餘七日零九刻。以校先得冬至六日零六刻。實多一日三刻。

問閏月宜閏歲前十二月乎。或閏正月乎。先儒辯之。今不得其解。

按閏月之議。紛紛聚訟。大旨不出兩端。其一謂無中氣爲閏月。

此據左氏舉正於中爲説乃曆家之法也其一謂古閏月俱在歲終此據左氏歸餘於終爲論乃經學家之詁也若如前推隱公辛酉冬至在經朔後三十日宜閏歲前十二月即兩説齊同可無疑議然有不同者何以斷之曰古今曆法原自不同推步之理踵事加密故自今日言曆則以無中氣置閏爲安而論春秋閏月則以歸餘之説爲長何則治春秋者當主經文今考本經書閏月俱在年終此其據也

問至元辛巳至隱公辛酉二千年中閏月幾何

按此易知也前以朔策除閏積得二萬四千七百三十六月内除二萬四千月爲二千年應有之數其七百三十六即閏月也此與古法十九年七閏之法亦所差不多

問二千年中交泛若干次入食限若干次及交泛字義何解

經朔合朔何所分別

按月與日會謂之合朔然有平朔有定朔三代以上書籍散軼不可深考所可知者自漢以來祇用平朔唐以後乃用定朔定朔與平朔有差至一日之時然必先求平朔然後可求定朔今曰經朔卽平朔也以其爲合朔之常數故謂之經得此常數再以盈縮遲疾加減之卽定朔矣是故合朔者總名也因有定朔故別爲之經朔耳

交者月道出入於黃道也授時之法二十七日二十一刻二十二分二十四秒而月道之出入於黃道一周謂之交終以此爲法而除中積則得其入交次數矣今以本法求到魯隱公辛酉

正月經朔入交十七日三十八刻九六七。自此下距至元辛巳。凡滿交終二萬六千八百四十三。其出入於黃道也。各二萬六千八百四十四。

至於食限。則不可以預定。何也。入交雖有常數。而其食與否。又當以加減差及氣刻時三差諸法定之。

又按入交亦有平日。有定日。此云泛者。亦平義也。因先求平日。次求定日。故命之曰泛。泛者。以別於定也。然歷經本文謂之入交汎日。或省文曰入交。或曰汎交。未有稱交泛者。其稱交泛。則臺官之語。以四字節去首尾。而中撮兩字為言。文理不安。所當改正者也。

問周髀算經。牽牛去極樞。共積九百九十二億七千四百九十五萬分以一度積八億五千六百八十萬為法除之復原度一百一十五度一千六百九十五里二十一步又一千四百六十一分步之八百一十九用何算法還原

按此乃通分法也凡算家通分之法所以齊不齊之分便乘除也若如郭太史以一萬分為度則分有百秒秒有百微皆以十百為等自然齊同通分之法可以不用而古曆不然各有所立之法其法又不同母此通分之法所由立也即如周髀所立度法是一千九百五十四里二百四十七步又一千四百六十一分步之九百三十三度下有里里下有步步下有分其法不同故必以里通為步乃以零步納入步又通為分乃又以零分納入此所謂通分納子也然後總計其分以為度法積即度法曰置

一千九百五十四里在位以每里三百步爲法乘之得五十八萬六千二百步如是則里通爲步可以納子矣於是以零步二百四十七加入共得五十八萬六千四百四十七步復置在位以步之分法一千四百六十一爲法乘之得八億五千六百七十九萬九千零六十七分則步又通爲分可以納子於是再以零分九百三十三加入共得八億五千六百八十萬分是爲度法言滿此分爲一度也其外衡去璿璣即牽牛去極數二十二萬六千五百里亦以每里三百步乘之得六千七百九十五萬步是里通爲步也又置爲實以每步一千四百六十一分乘之得九百九十二億七千四百九十五萬分是步又通爲分也以爲實於是以法除實得滿法之數一百一十五命之爲度其不滿法之

數。仍餘七億四千二百九十五萬分。不能成一度。當以里法收之。為里。法曰。置每里三百步。以每步一千四百六十一分乘之。得四十三萬八千三百分。是為里法。以里法為法。餘分七億四千二百九十五萬分為實。實如法而一。得一千六百九十五。命為里。　仍有餘分三萬一千五百。不能成一里。當以步法收之為步。法曰。置餘分三萬一千五百為實。以每步一千四百六十一分為法。除之。得二十一步。　仍有餘分八百一十九。不能成一步。卽命為分。

用上法。求得一百一十五度。一千六百九十五里。二十一步。又一千四百六十一分步之八百一十九。適合原數。

緣實數是里數。牽牛去極二十二萬六千五百里。是里數也。法數有里有步有分。不便乘除。故必以里通爲步，步又通爲分，乃可乘除。故曰齊同法實，乘以散之也。

其不滿法者，以里法收之爲里。又不滿里法者，以步法收之爲步。再不滿步法，命爲零分。故曰不滿法者，以法命之。又曰位盡於一步，故以其法命餘爲殘分也。通分之法不過如此，乃正法也。

今周髀所載之法，其初通法實並爲分，末以法命殘分，並同。惟中間收餘分微異，則古人截算之法也。具如後。凡算有除兩次者，則以兩次除之之法相乘爲法以除之，謂之異除同除。如以三除又以四除，則以三乘四得十二爲法除之，變兩次除爲一次除也。若算有法數太多者，則變爲簡法兩次除之，謂之截法。

如以七十二除之者則以八除之又以九除之即與七十二除同此兩者正相對而其理相通也

如餘分七億四千二百九十五萬不滿一度宜收爲里法當以每里三百步乘每步一千四百六十一共化爲四十三萬八千三百分此即異除同除之法也周髀經則先以每里三百步除之得二百四十七萬六千五百爲里實再以周天分即步法爲法除之得一千六百九十五里不盡一百〇五此即截法變一次除爲兩次除也

右所得里數與前法不異所異者前法餘分三萬一千五百而今用截法只一百〇五此何以故因前法所餘是實分今則截法則餘分是用每里三百步除過者則此餘分一數內各藏有

三百之數也。是以三百分爲一分

餘分內既各帶有三百之數則當以三百乘之復還原分之數。然後可以收爲步此亦正法也何以言之蓋餘分有二頭一次。是不滿一度之分則當收爲里此餘分又是不滿一里之餘分故當收爲步然而步之法是周天一千四百六十一分乃實數也此所餘一百〇五是三百分爲一分非實數也若仍以三百乘之則亦爲實數而可以乘除矣故曰正法也

周髀之法則又不然雖亦以三乘之而不言百以三百乘一百零五該三萬一千五百今以單三數乘之只三百一十五則每餘分內仍帶有一百之數餘分爲實者既以百分爲一分則其滿法而成一步者卽是百步既是以百分爲一分則其滿一千四百六十一之法而成一步者則是滿了一百箇一千四百六十一而成百步也故曰不滿法

者三之言以單三數乘不滿法之餘分也又曰如法得百步言此餘分既以三乘則其滿法者爲百步也又自疏其義曰上以三百約之爲里之實此當以三百乘之爲步之實而言三之者不欲轉法更以一位爲一百之實故從一位命爲百也此蓋自明其不以三百乘而以三乘之故是欲以得數爲百步也得數爲百步則其實亦百步之實也故曰省算也刻本三百乘之句遺百字而言三之句遺三字

既言如法得百步而今之餘實只三百一十五在一千四百六十一之下是不能滿法也不能滿法者卽不能成百步也於是以餘分進位三百一十五變爲三千一百五十爲實而以滿法爲十步何也原一分內有百分今雖進位以一分爲十分然仍未復原數仍是

十分爲一分故得數卽爲十步也。

法曰置三百一十五進位爲實（變三千一百五十）以法一千四百六十一除得二數命爲二十步不盡二百二十八　經曰不滿法者又上十之如法得十步亦省算也上之卽進位也此餘分旣各帶有十分故復以十乘之卽得本數

法曰置二百二十八又進位爲實（變爲二千二百八十）以法一千四百六十一除得一數命爲一步不盡八百一十九經曰不滿法者又上十之得數爲一步又自疏之曰又復上之者便以一位爲一實故從一實爲一言末次進位則適得本數爲實而得數亦爲本數也

凡看曆書與别項文字不同須胸中想一渾圓天體併七政旋

行之道了了在吾目前則左右逢源有條不紊故圖與器皆足爲看書之助右所疏數條言雖淺近然由淺入深庶幾有序天下最深微之理亦卽在最麤淺中舍麤淺無深微矣謹復

答嘉興高念祖先生

律歷天官具載二十一史南北國學並有雕版國家試士發策多有及此者本學者所當知也然或者以其不切於辭章之用又其義難驟知讀史者至此則寘而不觀先生獨能縷舉其異同分合之端以爲問可見其留心之有素不愧家學之淵源請陳其管蠡之愚以求正定

問史記八書三曰律四曰曆分律與曆言之也前漢書合稱律曆攺書爲志而後漢書晉書北魏書隋書宋史並因之宋

書新唐書遼金元三史則皆有歷志而不及律何歟

按律歷本爲二事其理相通而其用各别觀於唐虞命官羲和治歷夔典樂各有專司太史公本重黎之後深知其理故分爲二書班書合之非也獨是歷書所載非當時所用之法乃殷曆也非漢曆也其四年而增一日即四分曆之所祖又謬以太初元年丁丑爲甲寅干支相差二十三年蓋褚先生輩所續余於曆法通攷中已詳辯之兹不具悉而漢太初曆八十一分日法反載於班志意者孟堅以其起數鐘律遂從而合之歟後世言曆者率祖班志故史亦因之厥後漸覺其非而不能改直至元許衡郭守敬乃始斷然以測驗爲憑不復以鐘律卦氣言歷一洗諸家之傅會故其法特精此律曆分合之由也人有恒言漢曆莫善於太初唐曆莫善於大衍殊不知漢曆至劉洪乾象曆始精若太初則最疎獨其創始之功不可沒耳若大衍本爲名曆測算諸法至此大備後世不能

出其範圍。特以易數言曆。反多牽附。其失與太初之起數鍾律同也。明水公云。以律配曆可也。而以生曆則不可。又云僧一行頗稱知曆。而竄入於易以眩衆。此誠千古定論。而經生家所不能知也。　至於稱書稱志之不同。蓋太史公合記古事。故名史記。班孟堅專述本朝。故踵虞書夏書之目而稱漢書。全部既稱書。不得不別其類爲志。無深意也。

問曆書之次曰天官書。前漢書改爲天文志。後漢書晉書宋書南齊書隋書唐書宋金元史並仍之。而晉書宋史天文在律曆之前。金元二史亦在曆前。北魏則改爲天象。遼史則合曆與天象稱曆象。有以異乎。

按言天道者原有二家。其一爲曆家。主於測算推步日月五星之行度。以授民事而成歲功。卽周禮之馮相氏也。其一爲天文家。主於占驗吉凶禍福。觀察禨祥災異。以知趨避而修救備。卽周禮之保章氏也班史析之甚明故雖合律曆爲一志而別出天文也易天官爲天文者星象在野象物在朝象官故星在赤道以内近紫微垣者古謂之中官在赤道外者古謂之外官天官之説蓋取諸此也易曰觀乎天文以察時變其改稱天文本諸易也又曰天垂象見吉凶北魏改名天象亦本易也占與測雖分科亦互相爲用故遼史合之也至于晉天文志在律歷之前以日月交食五星淩犯皆歷家所據以爲推測之用故先之又晉志出李淳風之手其星名占法視古加詳而亦有同異爾後言占者悉本淳風故其次序亦因之也

問史書中有一代總無律歷天文志者果盡出於史闕文之意乎

按史之有志具一代之典章事事徵實不可一字鑿空而談較之紀傳頗難故三國無志誠爲闕事而范氏後漢書本亦無志今志乃劉昭續補也至於天文歷法尤非專家不能故晉隋兩志並出淳風新唐書歷志五代史司天考並出劉羲叟其餘則既無其人又無其書雖欲不闕而不可得此亦史臣之不得已也五代則五十餘年而六易姓紀載無徵故僅有司天職方二考他皆闕如而司天又止有王樸欽天歷法其交蝕凌犯並無可稽故不復稱志而名之曰考也

問五行志創始班書乃史記所未有而後漢晉宋南齊隋唐宋金元九史並仍之其義何居

按虞書惟言六府洪範始言五行其以五事配五行又以襍占

祥異皆件係之。而以時事言其應。其説蓋濫觴于夏侯氏之治尚書。而詳於劉向父子。太史公時。其説未著。故始見班書。而諸史因之。要其説亦有應不應。當其應也。固足以爲警戒。及其不應。反足以啟人不信之心。唐書以後。但紀災祥。不言事應。有合於春秋之義。此可以爲法者也。

答滄州劉介錫茂才

問左右轄距軫宜平。今左近右遠。又狼星之邊有弧矢錯亂不齊。不其經星亦常移位耶。

按自古以列宿爲不動。故曰經星。又謂之恒星。乃占書中往往有動移之説。愚切疑其未然。蓋既曰動移。則必先知其不移之位。然後可以斷其實移。而古本圖象大約傳久失真。人所目擊不過數十年之內何以知今日之星座必與古異而謂之動移哉又必暫見其移未幾卽復本位始謂之變若數十年中所見盡同則常也而非變也查崇禎曆書右轄距軫南右星凡二度奇左轄距軫北左星只半度奇一遠一近誠如尊諭又弧矢天狼不甚整齊皆如所測夫歷書成於前戊辰距今六十四年而星座之經緯如故亦足以徵其非動矣至於歷法中亦自有經星東行之法其理與歲差相應非如占書之言動移也弧破矢折之論似宜更詳

問本年閏七月初八夜太陰食心前星不知何應第三日初十夜大風雨雷電是有解散否

查閏七月太陰犯心前星當是初七日戊亥二時月加丁未坤

之地非初八也此時月正上弦行至心宿三四度間値月半交在黄道南五度奇與心宿東星逼近理得相爲掩犯然皆月道當行之道非失行也

又按古人云三日内得雨則解此葢爲暈珥虹霓之屬多爲風雨之氣所結故應在本方若七政之凌犯多方共覩殆難一例

聞十數年前親見太白過午者累日是經天耶晝見耶主何休祥

按太白星繞日爲輪離太陽前後不得過五十度故夕見西方仍沒於西晨出東方仍沒於東非不過午也其過午必與日偕爲日光所掩故也若日光微而星光盛在晝漏明是爲晝見晝見不必盡在午地也若在午地則爲經天矣然亦有非晝見而

能經天者此又別自有說不知所見過午者是晝乎是晨夕乎嘗考前史所載經天之事不一而足占書之說未免過于張皇非其質也愚不敢輒信占書亦正謂此等處耳

問來年元旦日食五分十七秒一曰五穀貴一曰主大水孰為實應抑別有徵耶又十數年前長星見久應在何時

按日食元旦古亦多有然其數可以預推與凌犯同理若長星之見自是災變然聖人遇災而懼實有修省轉移之道故古人言占必兼人事若執定占書一兩言以斷其休咎將修德弭災語為虛設而天亦可量矣是固不敢妄談

問歷法最難解者未宮鬼金羊為主今未宮全係井度而鬼反在午室火豬只十度在亥而餘皆入戌不知天運何年酉

下諸宿移而天盤動

按列宿移而天盤動即歲差之法也周天列宿分十二宫古今曆法各各迥異要其大端之改易有三自隋以前未用歲差故天之十二宫皆隨節氣而定如冬至日躔度即爲丑初之類一也唐一行始定用歲差分天自爲天歲自爲歲故冬至漸移而宫度不變以後曆家遵用之所以明季言太陽過宫以雨水三朝過亥二也若今西歷則未嘗不用歲差而十二宫又復隨節氣而移三也三者之法未敢斷其孰優然以平心論之則一行似勝何以言之蓋既用歲差則節氣之躔度年年不同故帝堯冬至日在虚而今在箕已差五十餘度若再積其差冬至必且在尾在心在氐房在角亢顧猶以冬至之故而名之曰丑宫則

東方七宿不得爲蒼龍而皆變元武北方宿反爲白虎西方宿反爲朱鳥而南方朱鳥爲蒼龍名實盡乖卽西法之金牛白羊諸宮皆將易位非命名取象之初旨卽不如天自爲天歲自爲歲之爲無弊矣故新歷之推步實精而此等尚在可酌不無俟於後來之論定耳先生於此深疑實與鄙意相同至若十二生肖及演禽之法別有本末與曆家無涉亦無與於星占可無深論

以星推命不知始於何時然呂才之闢祿命只及干支至韓潮州始有我生之時月宿南斗之說由是徵之亦在九執以後耳每見推五星者率用溪口歷則於七政躔度疎遠若依新法則宮度之遷改不常二者巳如枘鑿之不相入又安望其術之能

驗乎夫欲求至當則宜有變通然其故多端實難輕議或姑以古法分宫而取今算之七政布之則既不違其本術亦不謬乎懸象雖未知驗否何如而於理庶幾可通矣請以質之高明

問冬夏致日以土圭求日至之景是也而春秋又以致月其説何如

按日行黄道有南至北至月亦有之月之北至則陰曆是也月之南至則陽曆是也夫月之陰陽曆隨時變遷而必於春秋測之何耶凡言至者皆要其數之所極則必有中數以爲之表如日道有南至有北至相差四十七度奇而其中數則赤道也月有陰歷有陽歷出入於黄道各六度弱而其中數則黄道也夫黄道之在冬夏既自相差四十七度奇則已無定度又何以爲

月道之中數乎惟春秋二分之黃道與赤道同度則其東出西没及過午之度並與赤道無殊於此測月可得陰陽歷出入黃道之眞度矣假如二分之望月在其衝（春分之望月必在秋分之宿度秋分之望月必在春分之宿度）則日没於西正而月出於卯正日出於卯正而月没於西正其出没方位必居卯酉正中與日相等然而或等焉或不等焉或有時而出没於酉正卯正之南則知其在陽歷也有時而在卯正酉正之北則知其在陰歷也又此時日之過午也必與本處之赤道同高（即冬夏二至日軌高度折中之處）則月亦宜然然而月之過午或有時而高於日度則知其在陰歷也有時而卑於日度則知其在陽歷也若月之出没在卯酉之正而不偏南北月之過午一如日軌之度而略無高卑則爲正當交道而有虧食故

曰惟春秋可以測月也

康成註曰冬至日在牽牛景丈三尺夏至日在東井景尺五寸

此長短之極此言冬夏致日也

又曰春分日在婁秋分日在角而月弦於牽牛東井亦以其景

知氣至此言春秋致月也

賈疏云春分日在婁其月上弦在東井圓於角下弦於牽牛秋分日在角上弦於牽牛圓於婁下弦於東井鄭幷言月弦於牽牛東井不言圓望義可知也按此賈疏增成鄭義足與愚說相爲發明蓋但以日軌爲主則春秋致月亦致日之餘事即於兩弦立說亦足以明若正言致月之理則必將詳攷其交道出入之端與夫陰陽歷遠近之距則兼望言之其理益著也

問陰陽歷之法于兩弦亦可用乎曰可凡冬夏至表景旣有土圭之定度夏至尺五寸即土圭之定度也冬至景丈三尺蓋亦以土圭之度度之而知則月亦宜然而今測月景每有不齊則交道可知

假如春分日在婁而月上弦於東井秋分日在角而月下弦於東井則是月所行者夏至日道也其午景宜與土圭等又如春分日在婁而月下弦於牽牛秋分日在角而月上弦於牽牛則是月行冬至日道也其午景宜與土圭所度冬至長景等而徵之所測或等焉或不等焉其等與定度者必月交黃道之度也其短與定度者必月在日道之北而爲陰歷也其長於定度者必月在日道之南而爲陽歷也是故兩弦亦可以測陰陽歷也然則陰陽歷之變動若此又何以正四時之敘曰日道之出入

赤道也。距遠至廿四度。月道之出入黄道。最遠止六度。距廿四度。故景之進退也大。夏至尺五寸。冬至一丈三尺。相去懸絕。距止六度。故景之進退也小。陰曆陽曆之月景所差於日景者不過尺許而已。假如月上下弦在東井而景更短於土圭。其爲夏至之陰曆更無可疑。即使是陽曆而景長於土圭。其長不過尺許。無害其爲夏至之黄道也。又如月上下弦在牽牛。景加長於土圭所定之度。其爲冬至之陽曆已成確據。即使是陰曆而景短於土圭所定之度。其短亦不過尺許。無損其爲冬至之日道也。夫兩弦之月道既在二至之度。則日躔必在二分。而四斂不忒。故曰舉兩弦立說亦足以明也。

或疑洛下閎製渾儀止知黄道。至東漢永元銅儀始知月道。至陰陽交道之說。後代始密。周禮所言致月。或未及此。曰洪範言日月之行則有冬有夏是古有黄道也十月之交見于詩是古知交道也洛下閎等草創于祖龍煨燼之餘故制未備而以此疑周禮乎夫謂歷術屢變益精者如歲差之類必數十年始差一度故久而後覺若月之陰陽歷月必一周視黄道之變尤爲易見而謂古人全不之知吾不信也

或又疑土圭只尺有五寸則惟北至晷可用餘三時何以定之曰經固言日北景長日南景短矣其長其短亦必有數則皆以土圭之尺寸度之耳然則夏日至景如土圭者冬日至景必數倍於土圭而以土圭度之無難得其丈尺故冬夏並言致日也

問嘗攷春秋曆法訛舛甚多不知左氏之誤抑古曆不如此也夫驗於古然後可施於今今以最疏之古曆尚不

可攷則太初以下其疑難當更何如

按曆法古疎今密，乃古今之通論。蓋謂天體無窮，天道幽遠，躔事漸增，斯臻其善，非謂古人之智不及後人也。夫攷古曆之疎密，必須得其立算之根。今自秦火以來，並無一書能言三代以上之曆法，所謂殷周六曆，率皆僞撰，不足爲據。春秋左氏之不合，又何疑焉？若夫三代以下，太初曆始創規模，洛下閎等之功自不可沒。自是以後，屢代加詳，由後之密曆觀之，遂覺其前之爲最疎耳。曆家之言曰：驗天以求合，無爲合以驗天。是故治曆者必當求之天驗。求諸天驗，則當以近代之密測者爲憑，而詳徵算術，以得其當然之理，又知其所以然之故，然後備攷古術，徐求其攺憲源流，博稽經史，以攷其徵信，合者存之，疑者闕焉。

斯不爲用心於無益矣尊著以春秋二百四十年月日列序以攷其得失用功甚勤與氏族官制地名等攷皆有功於經傳其書自可孤行若但以曆法言仍當從事於郭太史授時法與今西法庶可以得其門戸矣

余初學曆原從授時入手後復求之廿一史始知古人立法改憲各有根源見史志僅載算法而無一語注釋因稍稍以所能知者解之遂以成帙最後始得西術此事益明然卷帙既多又竄改無定亦欲俟稍暇再加繕寫以請正高明耳

問日食古無其法漢日食每多先天終漢四百年無人修改則洛下閎張衡皆夢夢歟

按古日食每不在朔者以古用平朔耳古所以用平朔者以日

月並紀平度也東漢劉洪作乾象歷始知月有遲疾北齊張子信積候二十年始知日有盈縮有此二端以生定朔然而人猶不敢用也至唐李淳風僧一行始用之至今遵用乃驗歷之要然非有洛下閎之渾儀張衡之靈憲則測驗且無其器又何以能加密測愚故曰古人之功不可沒也

問五星遲疾逆留

按五星之遲疾留逆漢以前無言之者漢以後語焉而不詳雖授時曆號爲至精而於此未有精測至西曆乃能言之此今曆勝古之一大端也

問月食地景

按月食地影之說肇於泰西驟言之若可駭細審之確有實據

然必於曆學深究其根。乃知其說爲不誣耳。

問平差立差

按平差立差定差之法。古無其術。乃郭太史所創。爲以求七政盈縮之度。所以造立成之根本也。其法日月五星並有之。亦非如平朔定朔之用。歷家用字偶同。如此者多。徵實言之。乃知其故耳。據云依立招差。又云依垜疊立招差。則似古算術中原有其法。而今採用之。然不可攷矣。愚嘗因李世兄之問而爲之衍算。頗覺其用法之巧焉。

終

歷算叢書輯要卷六十

襍著目錄

歷算叢書輯要卷六十

宣城梅文鼎定九甫著

孫　瑴成玉汝甫重校輯

曾孫　釴用和

鈖二如

鈁導和

鏐繼美同校字

襍著

歷法通攷自序

梅子輯歷法通攷既成而嘆心之神明無有窮盡。雖以天之高。星辰之遠。有遲之數千百年始見端緒。而人輙知之。輙有新法以追其變。故世愈降歷愈以密。而要其大法。則定於唐虞之時。

今夫歷所步有四曰恒星曰日曰月曰五星治歷之具有三曰算數曰圖象曰測驗之器由是三者以得前四者躔離朓朒盈縮交蝕遲留伏逆掩犯之度古今作歷者七十餘家踈密代殊制作各異其法具在可攷而知然大約三者盡之矣堯命羲和歷象日月星辰舜在璇璣玉衡以齊七政歷者算數也象者圖也渾象也璇璣玉衡測驗之器也故曰定於唐虞之世也然歷之最難知者有二其一里差其一歲差是二差者有微有著非積差而至於著雖聖人不能知而非其距之甚遠則所差甚微非目力可至不能入算故古未有知歲差者自晉虞喜宋何承天祖冲之隋劉焯唐一行始覺之或以百年差一度或以五十年或以七十五年或以八十三年未有定說元郭守敬定爲六

十六年有八月回回泰西差法畧似而守敬又有上攷下求增減歲餘天週之法則古之差遲而今之差速是謂歲差之差可謂精到若夫日月星辰之行度不變而人所居有東南西北正視側視之殊則所見各異謂之里差亦曰視差自漢及晉未有知之者也北齊張子信始測交道有表裏此方不見食者人在月外必反見食宣明歷本之爲氣刻時三差而大衍歷有九服測食定晷漏法元人四海測驗二十七所而近世歐邏巴航海數萬里以身所經山海之程測北極爲南北差測月食爲東西差里差之說至是而確是蓋合數千年之積測以定歲差合數萬里之實驗以定里差距數逾遠差積逾多而曉然易辨且其爲法既推之數千年數萬里而準則施之近用可以無惑歷至

今日屢變益精以此然余亦謂定於唐虞之時何也不能預知者差之數萬世不易者求差之法古之聖人以日之所在不可以目視而器窺也故爲之中星以紀之鳥火虛昴此萬世求歲差之根數也又以日之出入發斂不可以一方之所見爲定也故爲之嵎夷昧谷南交朔方之宅以分候之此萬世求里差之定法也嗚呼至矣學者知合數千年數萬里之心思耳目以治曆而後能精密又知合數千年數萬里之心思耳目以爲之精密者適以成古聖人未竟之緒則當思羲和以後凡有能出一新智立一捷法垂之至今者皆有其所以立法之故及其久而必變也又皆有所以變之說於是爲反覆推論必使理解氷釋無纖毫疑似於吾之心則吾之心卽古聖人之心亦卽天之心

而古今中外之見可以不設而要於至是夫如是則古人之精意可使常存不致湮没於常巳守殘之士而過此以往或有差變之微出於今法之外亦可本其常然以深求其變而徐爲之修改以裒於無弊是則吾輯歷法通考之意也歷沿革本紀一卷年表一卷列傳二卷歷志二十卷法沿革表十卷法原五卷法器五卷圖五卷是爲歷法通考五十八卷其算數之學别有書曰中西算學通謹序

學歷說

或有問於梅子曰。歷學固儒者事乎。曰然。吾聞之通天地人斯曰儒。而戴焉不知其高可乎。曰儒者知天知其理而已矣。安用歷。曰歷也者數也。數外無理。理外無數。數也者理之分限節次也。數不可以臆說。理或可以影談。於是有牽合傅會以惑民聽而亂天常。皆以不得理數之眞。蔑由徵實耳。且夫能知其理莫堯舜若矣。堯典一書。命羲和居半。舜格文祖。首在璇璣玉衡以齊七政。豈非以敬天授時。固帝王之大經大法。而精一之理即於此寓哉。曰然則律何以禁私習。曰律所禁者天文也。非歷也。曰二者異乎。曰以日月暈珥彗孛飛流芒角動搖預斷未來之吉凶者。天文家也。本躔離之行度。中星之次。以察發斂進退敬授民事者歷家也漢藝文志天文廿一家四百四十五卷歷譜十八家六百六卷固判然二矣且夫私習之禁亦禁夫妄言禍福惑世誣民耳若夫日月星辰有目者所共睹古者率作興事皆用爲候又何禁焉楚丘之詩曰定之方中作于楚宮夏令曰修而場功偫而畚挶營室之中土功其始火之初見期于司里春秋傳曰凡土功龍見而戒事火見而致用水昏正而栽日至而畢此版築之候也豳風之詩曰七月流火九月授衣此裘褐之候也申豐曰古者日北陸而藏冰西陸朝覿而出之火出而畢賦則藏冰用冰之候也龍見而雩則雩候也農祥晨正則畊候也三星在天則婚候也單襄公曰辰角見而雨畢天根見而水涸本見而草木節解駟見而隕霜火見而清風戒寒雨畢除

道水涸成梁草木節解而備藏隕霜而冬裘具清風至而修城郭宮室是故有一候則有一候之星有一候之星則有一候之政令田夫紅女皆知之矣又何禁焉自梓慎裨竈之徒以星氣言事應乃始有災祥之占而其說亦有驗有不驗有星孛於大辰裨竈曰宋衛陳鄭將同日火若我用瓘斝玉瓚則不火子產弗與已而火作竈曰不用吾言鄭又將火子產曰天道遠人道邇竈焉知天道是亦多言矣豈不或信卒不與鄭亦不火梓慎以日食占水昭子曰旱也已而果旱慎言不效是故唯子產昭子深明乎理數之實乃有以折服矯誣之論雖挾術如慎竈而不爲所動故曆學大著則禨祥小數無所依托而自不得行其於政教不無小補與律禁私習固殊塗而同歸矣曰世皆謂天

文歷數能前事而知以豫爲趨避而子謂歷學明則占家無所容其欺妄言之徒不待禁而戢其說可得聞乎曰有說也蓋古之爲歷也疎久而漸密其勢然也唯其疎也歷所步或多不效於是乎求其說焉不得而占家得以附會於其間是故日月之遇交則食以實會視會爲斷有常度也而古歷未精於是有當食不食不當食而食之占日之食必於朔也而古用平朔於是有食在晦二之占月之行有遲疾日之行有盈縮皆有一定之數故可以小輪爲法也而古唯平度於是占家曰晦而月見西方謂之朓朓則侯王其舒朔而月見東方謂之仄慝仄慝則侯王其肅月行陰陽歷以不足廿年而周其交也則於黃道其交之半也則出入於黃道之南北五度有奇皆有常也而古歷未

知於是占家曰天有三門猶房四表房中央曰天街南間曰陽環北間曰陰環月由天街則天下和平由陽道則主喪由陰道則主水夫黄道且有歲差而況月道出入於黄道時時不同而欲定之於房中央不已謬乎月出入黄道旣有南北而其與黄道同升也又有正升斜降斜升正降之不同唯其然也故月之始生有平有偃而古歷未知也則爲之占曰月始生正西仰天下有兵又曰月初生而偃有兵兵罷無兵兵起月於黄道有南北一因也正升斜降二因也盈縮遲疾三因也人所居南北有里差則見月有蚤晚四因也是故月之初見有初二日初三日之殊極其變則有在朔日初四日之異而古歷未知則爲之占曰當見不見又曰不當見而見魄質成蚤也食日者月也不關

雲氣而占者之說曰未食之前數日月已有謫日大月小日高月卑卑則近高則遠遠者見小近者見大故人所見之日月大小略等者乃其遠近為之而非其本形也然日月之行各有最高卑而影徑為之異故有時月正掩日而四面露光如金環也此皆有可攷之數而占者則以金環食為陽德盛五星有遲疾留逆而古法唯知順行於是占者以逆行為災而又為之例曰未當居而居當去不去當居不居未當去而去皆變行也以占其國之災福五星之出入黃道亦如日月故所犯星座可以預求也而古法無緯度於是占者以為失行而為之例曰淩曰犯曰鬭曰食曰掩曰合曰句巳曰圍遶夫句巳淩犯占可也以為失行非也五星離黃道不過八度則中官紫微及外官距遠之

星必無犯理而占書皆有之近世有著賢相逼占者刪去古占黄道極遠之星亦既知其非是矣至於恒星有定數亦有定距終古不變而世之占者既無儀器以知其度又不知星座之出入地平有濛氣之差或以横斜之勢而目視偶乖遂妄謂其移動於是爲占曰王良策馬車騎滿野天鉤直則地維坼泰階平人主有福中州以北去北極度近則老人星遠而近濁不常見也於是古占曰老人星見王者多壽以二分日候之若江以南則老人星甚高三時盡見而疇人子弟猶歲以二分占老人星客蹠貢諛此其仍訛習非尤大彰明者矣故曆學不明而徒爲之禁以嚴之終不能禁也或以禁之故而私相傳習矜爲秘授以售其詐若曆學既明則人人曉然於其故雖有異說而自無

所容余所以數十年從事於斯而且欲與天下共明之也且子不徵之功令乎經史語孟士之本業也而魯論言辰居星拱行夏之時孟子言千歲日至可坐而致易言治歷明時大傳言五歲再閏三百有六十當期之日堯典中星分測驗之地璣衡之製爲萬世法辰弗集房載于夏書詩稱十月之交朔日辛卯春秋紀日食三十六禮載月令大戴禮述夏小正皆詳日所在宿及恒星伏見昏旦之中與其方向低昂之狀用爲月節以布政教而成百事又自漢太初以來造歷者數十家皆具其說於史若是者旣刊布其書使學者誦習之矣三年而試之程式發策往往有及於律歷者其於律之禁寧相背乎是故律禁私習妄言而未嘗禁士之習經史也而顧諉之爲星翁卜師之事而漫

不加察反令術士者流得挾其不經之說以相炫誘而不能斷其惑是亦儒者之過也故人之言天以占驗爲奇吾之言歷以能辯惑爲正曰然則占驗可廢乎將天變不足畏邪曰惡是何言也吾所謂辯惑者辯其誣也若夫王者遇灾而懼側身修省以畣天戒固欽若之精意也又可廢乎古者日食修德月食修刑夫德與刑固不以日月之食而始修也遇其變加警惕焉此則理之當然未敢以數之有常而或懈也此又學歷者所當知

地度弧角

地度求斜距法

有兩處北極高度。又有兩處相距之經度。而求兩地相距之里數。

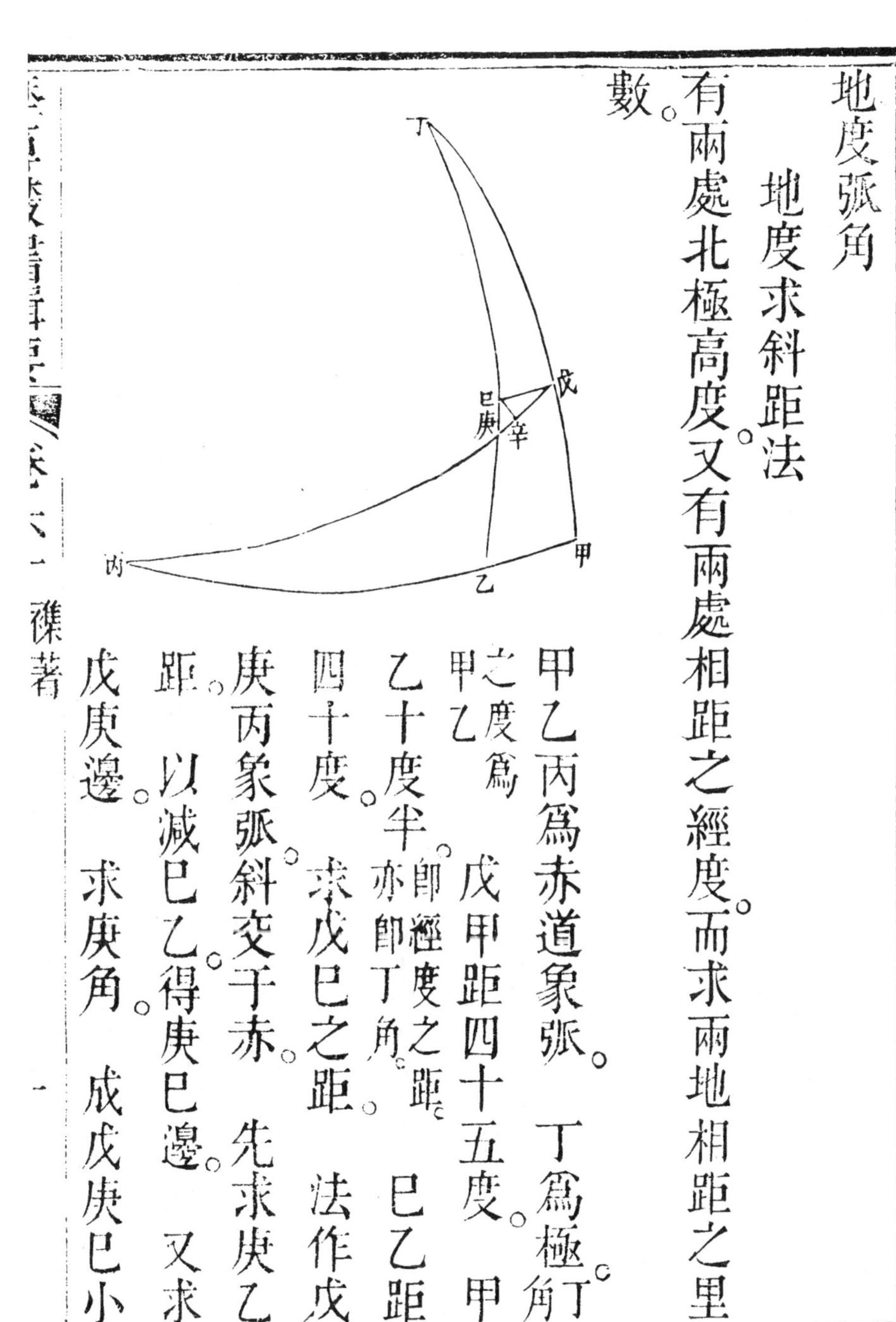

甲乙丙爲赤道象弧。　丁爲極。丁角之度爲甲乙。　戊甲距四十五度。　甲乙十度半。即經度之距。亦即丁角。　巳乙距四十度。　求戊巳之距。　法作戊庚丙象弧。斜交于赤。　先求庚乙距。　以減巳乙得庚巳邊。　又求戊庚邊。　求庚角。　成戊庚巳小弧三角形。

算戊巳庚小三角。有一角庚。兩邊一戊庚邊。一巳庚邊。而求巳戊邊。

法先作巳辛垂弧。截出戊辛邊。并求戊角。因得巳戊邊。

乃以度變成里。此所得卽大度。

若距赤同度。則但以距赤道餘弦。求其比例。得里數。

一率　全

二率　距赤餘弦

三率　大度里數二百五十里

四率　緯圈里數。

如距赤四十五度。依法算得離赤道四十五度之地。每一度該一百七十六里二百八十步。　如東西相距二十七度。該四千七百七十二里三百五十步弱。

論曰。地有距赤緯度。又有東西經度。經度如句。緯度相減之餘如股。兩地斜距如弦。

旣有句有股。可以求弦。而不可以句股法求者。地圓故也。

又論曰。此爲一角兩邊。而角在兩邊之中。法當用斜弧三角法。求其對角一邊之度。變爲里。卽里數也。或用垂線分形法。並同。

補論曰。巳點或在庚上。或在其下。其用庚角並同。　但在下。則當于庚乙內。減巳乙。而得巳庚。

以里數求經度法

或先有兩地相距之里數。而不知經度。

法先求兩處北極高度。乃以兩高度之餘爲兩邊。及相距里數變成度。用二百五十里大度。又爲一邊。成弧三角形。乃以三邊求角法。求其對里數邊之一角。卽經度也。

論曰。凡地經度原以月食時取其時刻差以爲東西相距。然月食歲不數見。又必多人兩地同測。始能得之。況月天最近有氣刻時三差及朦影之改變高度。非精于測者不易得準。今以里數求之。較有把握。得此法與月食法相參伍。庶幾無誤。

凡以里數論差。當取經直。若遇山林水澤峻嶺迴谷。則以測量法求其折算之數。而取直焉。

不但左右不宜旋繞曲折。斯謂之直。卽高下若干亦須用法取平。

若兩地極高同度。則但以距赤道餘弦。卽極高度正弦。求其比例得經

度
一率　距赤度餘弦
二率　全數
三率　里數所變之度用二百五十里爲度
四率　相應之經度緯圈經度也與赤道大圈相應但里數小耳

論曰北極高度雖有準則然近在數十里內所爭在分秒之間亦無大差今以里數準之則當以正東西爲主如自東至西之路合羅金卯酉中線斯爲正度若稍偏側亦當以斜度改平然後算之視極高度反似的確

二儀銘補註

仰儀

按元史天文志簡儀之後繼以仰儀。然簡儀紀載明析，而弗錄銘辭。仰儀則僅存銘辭，而弗詳制度。葢以銘中弗啻詳之也。庚寅莫春，眞州友人以二銘見寄，屬疏其義。余受而讀之。簡儀銘旣足以補史志之闕。仰儀銘與史亦多異同，而異者較勝。豈牧菴作銘後復有定本耶。爰据其本以爲之釋。仍附錄史志原文，以資攷訂焉。

不可形體，莫天大也。無競維人，仰釜載也。

言天體之大，本不可以爲之形似。而今以虛㘭似釜之器仰而肖之，則以下半渾圓對覆幬之上半渾圓，而周天度數悉

載其中此人巧之足以代天工故曰無競維人也

六尺爲深廣自倍也兼深廣倍絜畚兌也

畚形是半渾圓而其深六尺是渾圓之半徑也倍之爲廣則渾圓之全徑也兼深與廣之度而又倍之渾圓之周也蓋仰儀之口圓徑一丈二尺周三丈六尺也兌爲口故曰畚兌絜猶度也此雖亦徑一圍三古率然其器果圓則畸零在其中矣

振溉不洩繚以澮也正位辨方曰子卦也

畚口周圍爲水渠環繞注水取平故曰振溉不洩繚以澮也畚口之靣均列二十四方位而從子半起子午正則諸方皆正故曰正位辨方曰子卦也

横縮度中平斜載也斜起南極平畚鐓也度入聲

縮直也。仰儀象地平下半周之渾天，其度必皆與地平上之天度相對待。故先平度之，從儀而之卯酉作弧線相聯，必過儀心。以横剖銳形爲二，地平下卯酉半規也。又直度之，從儀而之子午作弧線相聯，亦過儀心。而直剖銳形爲二，地平下子午半規也。兩半規交於儀心正中，天在地平下正對天頂處也。故曰衡縮度中。然此所謂中，乃平度之中。其衡縮度之者，並自地平之子午卯酉出弧線，而會於地平下之中心。若在天之度，固自斜轉，即非以此爲中。故既平度之，復斜度之，有兩種取中之法。故曰平斜載也。載猶再也。斜處柰何？曰宗南極也。法于地平下子午半規，匀分半周天度，乃用此度自地平午數至南極入地度，命爲斜度之中心。故曰斜起南極。言緯度從此起。銳者，釜之鐓，即儀心也。鐓，徒對切。

矛戟底平者曰鐓。曲禮進矛戟者前其鐓。類篇矛戟柲下銅也。儀類畚而形卵。最坳深處爲其底心。故謂之鐓。爲地平下兩半規十字交處。而下半渾圓之心。平度以此爲宗。亦如斜度之宗南極。故曰平畚鐓也。蓋以此二句釋上二句也。不言起。省文。

小大必周入地畫也。始周浸斷。浸極外也。

此言斜度之法也。斜畫之度既宗南極。則其緯度之常隱不見者。每度皆繞極環行而成圓象。每度相去約一寸弱。雖有大小皆全圓也。近南極旁則小。漸遠漸大。每度相離一寸。其圓徑之大小。每度必加二寸。故曰小大必周。而明其爲入地之畫也。在南極常隱界內故也。若過此以往。則離極益遠。緯度之圓益大。其圓之在地平下者。漸不能成全圓。而其闕如玦。以其漸出南極常隱界外也。故曰始周浸斷。

浸極外也。亦是以下句釋上句。

極入地深四十太也。北九十一。赤道斷也。列刻五十。六時配也。儀設於元大都。大都北極出地四十度太。四分之三爲太。則南極入地亦然。仰儀準之。近南極四十度內皆常隱界也。若四十一度以上則所謂始周浸斷者也。至於離南極一象限。四分天周各九十一度奇。爲象限。銘蓋舉成數也。則爲赤道之斷而居渾天腰圍矣。斷，齒相切之界縫也。考工記函人衣之。欲其無斷也。仰觀經緯之度。入算處並只一綫。故曰斷。凡晝夜時刻並宗赤道。赤道全周。匀分百刻。以配十二時。仰儀赤道乃地平下半周。故列刻五十。配六時也。六時者起卯正初刻畢酉初四刻。皆晝時。仰儀赤道半周居地平下。而紀晝時者。日光所射。必在其衡也。日在卯。光必射酉。日在午。光必射子。餘時亦皆若是。

衡竿加卦。巽坤內也。以負縮竿。子午對也。子。元史作本。末旋機杖。機杖元史作璣板。竅納芥也。上下懸直。與鐵會也。視日漏光。何度在也。

此仰儀上事件也。巽東南。坤西南。所定畚口之卦位也。橫竿之兩端加此二卦者。以負直竿也。直竿正與口爲平。而承之者必稍下。故曰內也。直竿加橫竿上如十字。其本在午。而末指子。故曰對也。直竿必圓。取其可以旋轉。而竿末則方。其形類板。板之心爲圓竅甚小。僅可容芥子。故曰竅納芥。竅即竅也。然必上下懸直以爲之準。蓋直竿之長適如半徑。其末端雖自午指子。實不至子。而納芥之竅正在畚口平圓之心。於此懸繩取正。則直線下垂。亦正直畚底鐵心。故曰與鐵會也。既上下相應無豪髮之差殊。則竅納芥處亦即爲渾圓心矣。

凡所以爲此者。以取日光求眞度也。何則仰儀爲畚形以象地平下之半天。而所測者地平上之天也。故必取其衝度以命之。而渾圓上經緯之相衝。必過其心。玆也璣板之竅既在渾圓之最中中央。從此透日光以至畚底。視其光之在何度分。卽可以知天上日躔之度分矣。漏卽透也。

暘谷朝賓。夕餞昧也。寒暑發歛。驗進退也。

此詳言測日度之用也。虞書分命羲仲宅嵎夷。曰暘谷。寅賓出日。分命和仲宅西。曰昧谷。寅餞內日。此古人測日用里差之法也。今有此器。則隨地隨時可測日度。卽里差已在其中。不必暘谷昧谷。而寅餞之用已全矣。周禮以土圭致日。日至之影。尺有五寸爲土中。又取最長之影以定冬至。此古人冬、夏致日之法也。今有此器以測日道之發南斂北。日躔在赤道以南謂之發。在赤道以北謂之斂。皆以其遠近于北極而立之名。則每日可知其進退之數。二分前後。黃赤斜交。故緯度之進退速。二至前後。黃赤平行。故緯度之進退緩。細攷之。亦逐日各有差數。不必待南至北至。而可得眞度。視表影所測。尤爲親切矣。

薄蝕終起。鑒生殺也。以避赫曦奪目害也。

言仰儀又可以測交食也。日月交食。一曰薄蝕。歷家之測驗莫大於交食。而測算之難。亦莫如交食。是故測食者。有食之分秒。有食之時刻。有食之方位。必測其何時何刻于何方位初虧。爲食之起。何時何刻於何方位復圓。爲食之終。何時何刻于何方位食分最深。爲食之甚。自虧至甚。爲食之進。自甚至復。爲食之退。凡此數者。一一得其眞數。始可以驗歷之疎密。以爲治歷之資然太陽之光最盛難以目窺今得此器透芥子之光於儀底必成小小圓象而食分之淺深進退畢肖其中（但蝕于左者光必闕于右蝕于右者光必闕于左上下亦然皆取其對衡方位）而時刻亦真不煩他器矣

古者日食修德月食修刑然春生秋殺之理固在寒暑發斂中而起虧進退尤測鐲之精理此蓋與上文互見相明也

南北之偏亦可槩也極淺十七林邑界也深五十二（元史作五十奇）鐵勒塞也淺赤道高人所載也夏永冬短猶少差也深故赤平冬晝晦也夏則不沒永短最也（戴當作戴）

此言仰儀之法不特可施之大都而推之各方並可施用因舉二處以槩其餘也蓋時刻宗赤道赤道宗兩極而各方之人所居有南北北極之出地遂有高甲而南極之入地因之

有深淺。則有地偏于南。如林邑者。其地在交趾之南。是爲最南。故其見北極之高只十七度。即南極之入地亦只十七度。而爲最淺。又有地偏于北。如鐵勒者。其地在朔漠之北。是爲最北。故其見北極之高至五十餘度。即南極之入地亦五十餘度。而爲最深。南極入地淺。則赤道入地深。而成立勢。其赤道之半在地上者。漸近天頂。爲人所戴。故夏日亦不甚長。冬日亦不甚短。而永短之差少也。南極入地深。則赤道入地淺。而成眠勢。其赤道之半在地上者。漸近地平。繞地平轉。故冬日甚短。而或至晝晦。夏晝甚長。而日或不沒。永短之最。斯爲極致也。按元史鐵勒北極高五十五度。夏至晝七十刻。夜三十刻。北海北極高六十五度。夏至晝八十二刻。夜十八刻。未至于夏日不沒。則冬亦不至晝晦。然北海之北。尚有其北。北極有漸直人上之時。蓋徵之周髀所言。近驗之西海

所測。夏不沒。冬、晝晦。容當有之。銘蓋

因二方差度。而遂以推極其變也。

一天之書曰。渾蓋也。一儀卽揆。何不悖也。以指爲告。無煩喙也。闇資以明。疑者沛也。智者是之。膠者怪也。

此言仰儀之有裨于推步也。渾天蓋天。竝古者測天之法。蓋同出於一源。傳久而分。遂成岐指。近代蓋天之說浸微。惟周髀算經猶存十一於千百。而習之者稀。今得此器。以肖地平下之天。雖常隱不見之南極。其度數皆如掌紋。而渾天之理賴以益明。卽蓋天家所言七衡之說。竝可相通。初無齟齬。然後知渾蓋兩家實有先後一揆。竝行而不悖者矣。所以者何也。多言亂聽。喙愈煩而心惑。一儀惟肖。指相授而目喻也。由是而理之闇者資之以明。從來疑義渙然氷釋。雖其器創作或爲膠固者之所怪而其理不易。終爲明智者之所服矣。周髀算經云。北極之左右。物有朝生暮穫。趙爽注曰。北極之下。從春分至秋分爲晝。從秋分至春分爲夜。是北極直人上。而南極益深。爲人所履赤道平偃。與地面平。日遂有時而不沒地。爲永短之最。觀于仰儀。可信其理。

過者巧歷不億輩也。非讓不爲思不逮也。將窺天朕造物愛也。其有俟然昭聖代也。泰山厲兮河如帶也。黃金不磨悠久賴也。鬼神禁訶庶勿壞也。

此承上文而深贊之也。言古來巧歷不可數計。然不知爲此者豈其謙讓不遑乎。無亦精思有所未及耳。抑天道幽遠。將造物者不欲以朕兆令人窺測。而或有愛惜耶。其或待人而行。非時不顯。故若有所俟。必至聖代而始昭耶。然則茲器也實振古所未有。而茲器之在宇宙間。亦當與天地而常存。雖泰山如礪，長河如帶，而茲器也悠久賴之，如黃金之不磨。而鬼神且爲之呵護，以庶幾勿壞矣。

按史載斯銘引古六天之說，而謂仰儀可衷其得失，是等蓋天於宣夜諸家，而歸重渾天也。然郭太史有異方渾蓋圖，固已觀其會通，茲則並舉渾蓋，且以仰儀信其揆之一，蓋牧菴之歷學深矣。愚故以斷其爲重定之本也。學無止法，理愈析益精，古之人皆如是。上海徐公之治西歷也，開局後數年，推宗郭法乃重於前。惟公則明，惟虛受益，好學深思者，其知所取法哉。

簡儀　儀製詳元史，茲約舉爲銘，而文章爾雅，能畧所詳，詳所畧，與史相備，因併釋之。

舊儀昆侖，六合包外，經緯縱橫，天常衺帶，三辰內循，黃赤道交

其中四遊瀕仰釣簫

此將言簡儀而先述渾儀也昆侖即混淪古者渾天儀渾圓如球故曰舊儀昆侖也渾天儀有三重外第一重爲六合儀有地平環平分廿四方向有子午規卯酉規與地平相結於四正又自相結於天頂以象宇宙間四方上下之定位故曰六合包外經緯縱横也又依北極出地於子午規上數其度分命爲南北二極之樞兩樞間中分其度斜設一規南高北下以象赤道之位而分時刻謂之天常規故又曰天常衺帶也內第二重爲三辰儀亦有子午規卯酉規而相結於兩極各爲樞軸以綴於六合儀之樞中分兩極間度設赤道規與天常相直又於赤道內外數南北二至日度斜設一規爲黄

道兩道斜交以紀宿度以分節氣而象天體故曰三辰內循黃赤道交也內第三重爲四遊儀亦有圓規內設直距以帶横簫横簫有二並綴于直距而能運動故可以上下轉而周窺規樞在兩極又可以左右旋而徧測故曰其中四遊頫仰鈞簫也

凡今改爲皆析而異繇能疏明無窒於視

此承上文而言作簡儀之大意也渾天儀經緯相結而重重相包今則析爲單環以各盡其用故曰皆析而異各環無經緯相結作之既簡而各儀各測無重環掩映之患故曰疏明無窒於視也

四遊兩軸二極是當南軸攸沓下乃天常維北欹傾取軸架應

鏤以百刻及時初正赤道上載周列經星三百六十五度奇贏此以下正言簡儀之製也簡儀之四遊環用法與渾儀之四遊同而厥製迥異原亦有經緯相結今只一環雖用雙環而左右平列無經緯相結即如一環又原在渾儀之內爲第三重今取出在外而中分其環命爲兩極北極樞軸連於上規之心南極樞軸在赤道環心故曰四遊兩軸二極是當南軸攸沓下乃天常也天常卽百刻環與赤道相疊言天常不言赤道省文也上規貫北雲架柱之端赤道百刻疊置承以南雲架柱兩雲架柱斜倚之勢並準赤道但言維北欹傾者省文互見也兩並欹傾則二軸相應如繩正指兩極而四遊環可以運動其勢恒與上下兩規作正方折其方中矩故曰取軸矩應此以上言四遊

環也百刻環匀分百刻又匀分十二時時又分初正此二句言百刻環也赤道環疊于百刻環上故曰上載其環匀分十二次周天全度於中又細分二十八舍距度故曰周列經星三百六十五度奇贏也百刻環即六合儀上斜帶之天常赤道環即三辰儀之赤道然皆不用子午規而單環疊置此其異也

地平安加立運所履錯列干隅若十二子

地平環分二十四方位與渾儀同干八干甲乙丙丁庚辛壬癸隅四維乾坤艮巽子十二子支辰子丑寅卯辰巳午未申酉戌亥也然彼爲六合儀之一規此則獨用平環卧置以承立運故曰立運所履也立運環渾儀所無茲特設之以佐四遊之用其製亦平環分度而中分之爲上下二樞上樞在北雲架柱之横軏下樞在地平環中心二樞上下相應

如垂繩之立而環以之運故謂之立運

五環三旋四衡絜焉

一四遊二百刻三赤道四地平五立運凡爲環者五也旋運轉也五環之内百刻地平不動四遊赤道立運並能運轉是能旋者三也衡即横簫古稱玉衡絜猶絜矩之絜用衡測天如算家之衷術絜而度之以得其度也簡儀之衡凡四而並施於旋環之上故曰五環三旋四衡絜焉也下文詳之

兩綴闚距隨捩留遷欲知出地究兹立運去極幾何即遊是問

兩者兩衡承上文四衡而分别言之先舉其兩也兩者維何一在立運環一在四遊環也闚闚管距直距捩關捩即樞軸也留遷者言或留或遷惟人所用也闚管綴於直距有樞軸

以轉動。隨其所測可以頫仰周闚。此兩衡之所同也。然各有其用。欲知日月星辰何方出地。及其距地平之高下。則惟立運可以測之。若欲知其去北極遠近幾何度分。惟四遊可以測之。此又兩衡之所異也。

赤道重衡。四弦末張。上結北軸。移景相望。測日用一。推星兼二。定距入宿。兩候齊視。

前云四衡。而上文已詳其兩。尚有二衡。復於何施。曰竝在赤道環也。赤道一環。何以能施二衡。曰凡衡之樞在腰。而此二衡者。竝以赤道中心之南極軸爲軸。重疊交加。可開可合。故日重衡也。衡既相重。故不曰闚衡。而謂之界衡。界衡之用在綫。不設闚管也。用綫奈何。其法以綫自衡樞閒。循衡底之渠貫衡端小孔上出至北極軸穿軸端所結綫折而下行至衡之又一端入貫衡端小孔順衡底渠至衡中腰結之如此則一綫折而成兩並自衡端上屬北極其勢斜直張而不弛半衡如句而綫爲之弦一衡首尾二綫重衡則四綫矣故曰四弦末張末指衡端張者狀其線之弦直也北軸卽北極之軸穿綫處也四弦線並起衡端而宗北極故又曰上結北軸也景謂日影移衡對日取前綫之景正加後綫則衡之首尾二綫與太陽參直故曰移景相望也衡上二綫旣與太陽參直則界衡正對太陽衡端所指卽太陽所到加時早晚時初時正何刻何分並可得之百刻環中具列其數則一衡已足故曰測日用一也測星之法移衡就星用目覞視取衡上二綫與其星相

參償則爲正對與用日景同理但須二衡並測故曰推星兼二也二衡並測奈何曰二十八舍皆有距星以命初度若欲知各宿距度廣狹者法當以一衡正對距星又以一衡正對次宿距星則兩衡間赤道度分即本宿赤道度分矣若欲知中外官星入宿深淺者法當以一衡對定所入宿距星復以一衡正對此星稽兩衡間赤道即得此星入宿度分矣既用二衡即亦可兩人並測故曰定距入宿兩候齊視也

巍巍其高莫莫其遥蕩蕩其大赫赫其昭步仞之間肆所賾考明乎制器運掌有道法簡而中用密不窮歷考古陳未有侔功猗與皇元發帝之藴畀厥羲和萬世其訓

簡儀之製及其用法上文已明此則贊其制作之善歸美本

朝也。言天道如斯高遠，乃今測諸步仞之間如示諸掌，則制器有道耳。其爲法也簡而適中，其爲用也密而不窮。歷攷古制，未有如我皇元斯器之善者，誠可以垂之久遠也。

按郭太史守敬授時歷得之測驗爲多，所製簡儀用二綫以代管闚，可得宿度餘分，視古爲密。然推星兼二之用，史志未言，得斯銘以補之，洵有功於來學。

或問渾儀如球而簡儀之五環三旋並只單環，何也？曰：渾儀雖如球，而運規以測，亦止在單環之上。今以單環旋而測之，即與渾儀無二，而去其緐複之累與測時掩暎之患，以較渾儀，不啻勝之。今者西器或用一環之半爲半周儀，或四分環之一爲象限儀，並因此而益簡之，以測渾體，初無不足。

然則世有謂郭公陰用回回法者。非與。曰非也。元世祖初西域人進萬年歷。稍頒用之。未幾旋罷者。以其疎也。今札馬魯丁之測器。具載史志。其所爲晷景堂地里志者。無有與郭公相似之端。至於幾代管闚。實出精思創制。今西術本之。亦以二線施於地平儀。而反謂郭公陰用回歷。是未讀元史也。

曆算叢書輯要　卷六十　雜著

擬璿璣玉衡賦 有序

易言治歷策數當期典重授時中星紀歲蓋七政璇璣之制類先天卦畫之圖原道必本乎天儒者根宗之學制器以尙其象帝王欽若之心理至難言以象顯之則理盡意所未悉以器示之則意明故揚雄覃思渾天用成玄草平子精探靈憲聿闡元樞覆矩仰規一行以之衍策天根月窟堯夫於焉弄丸此聖學之攸先匪術家之私尙也況姬公之法受於商高而神禹之疇肇諸河洛平成永賴實資句股圜方才藝碩膚爰有南車記里高深廣遠寸矩以御幾何律度量衡萬事斯爲根本旣圜頊而方趾敢忘高而負深苟俯察而仰觀必徵理而

稽數家傳大易竊慕韋編世際清寧恭逢鉅製竭歐邏之巧力紹蕭坂之芳型洵心理之肯同中西脗合亶後來之居上今古無雙雖株守山陬遲睹靈臺之美而心儀法象遥忻神器之成僭擬短章臆闚鴻典無裨采聽聊當衢歌云爾

至哉渾儀之爲器也體天地之撰類經緯之情微顯闡幽窮高極深殆更僕莫殫其藴累牘難悉其能者矣粤自道生宇宙肇爲大圜健運無息東西斡旋七政錯行宿離糾紛交光羅絡終始相續雖有離朱孰闚其端聖喆挺生仰俛觀察積候成悟賾探隱索諗六虛之曠遐詎目營兮可獲迺範金兮爲儀縱若衡兮八尺歷以之治兮象以之覈堯命羲和四隅分宅制閏成歲

釐工熙績匪有器以御之孰所憑而推策虞帝受之機衡以設敬天勤民兩聖一轍嗣三統兮迭更茲重器兮罔褻陳東序兮天球羌大訓兮爲列河之圖兮莫先況璇琰與弘璧羸秦力政罔畏天常遷周九鼎焚燬舊章球圖湮沒莫知其鄉歷紀乖次伏陰愆陽及夫漢造太初渾天初置惟意匠兮經營未詳徵乎昔制曾黃赤兮未分矧歲差兮能治歷唐逾宋代有討論小異大同踵事而增說存掌故約畧可陳外周六合子午爲經卯酉交加日月之門三輪八觚象地者衡是立郛郭以挈三辰黃倚赤而相結剖二至與二分判發斂兮南北距紫極兮爲言小環四游又居其內左右周闕兩簫更代低昂斜側折旋唯意儀三重兮共樞直推步兮精義亦有銅球實惟渾象列星綴離三家

曆算叢書輯要　卷六十　雜著

殊狀或附益之兩曜類蟻行兮磨上遲速行兮一機或水轉兮磨盪非不研精覃思窮神盡智象重大兮易膠舛機關兮弗利儀重環兮掩暎頗未宜乎闚視加以代異人湮乍成旋廢作之也何難壞之也何易若乃元祖初服廣徵碩儒有美魯齋王郭之徒既作授時備器與書高表四丈承以景符簡儀候極離立扶疏三綫代管分秒乘除度百刻兮天腹旋立運兮四虛闚几兮測月蓮花兮挈壺正方有案兮定南北懸正座正兮九服之須仰儀兮虛而似釜度斜絡兮南極攸居可謂酌古準今洵美且都者矣歷年未百有明膺命雖大統兮殊稱實授時兮為政屬作都兮石城旋京邑兮北定既觀臺兮屢遷地更寘兮乖應豈儀器兮多迕抑疇人兮弗敬轉測之或未嫺兮址漸傾兮蔑

正寧不善厥初兮歲薦更兮滋釁經生既非所習兮又申之以厲禁專科不相通兮有憤悱兮誰問遂使靈臺徒為文具交食或乖誰知其故帝謂兮草澤疇明理兮習數爾乃理難終隱道有必開天相其衷西人揭來如禮失兮求埜似問郯兮識官此珍秘兮勿洩彼菽粟兮非難於是吳淞太史仁和水部夜譯晨鈔心追手步亦得請而開局同集歐邏與儒素摘西土兮精英入中算兮鑪鑄屢清臺兮襍候亙占測兮可据怵巧拙兮相形新術精兮羣妒慨萬里兮作賓兼十年兮發覆歷成兮弗用亙書兮徒著何人事兮多違或蒼穹兮有待唯我　盛朝度越千代正朔初頒適逢斯會唯欽若以為懷奚畛域乎中外洞新法之密合命遵行為定制哂豎儒兮固陋謬執古兮非今若盲不杖

兮聾別竽笙。斯術之無弊兮經指摘兮益明。乃詔太史乃谷禮臣。謂新歷兮允臧。顧儀器兮未成。式采銅兮名山。鳩哲匠兮上京。備製兮六儀。各錫兮嘉名。赤道兮法動天之西轉。黃道兮儷七曜之東征。古二道爲一器兮景交羅而莫分。今別其用兮法以簡而倍精。黃既麗赤而左旋兮復自轉而右奔。緯度之各異兮亦異其經。黃自有極以運兮誠振古之未聞。游表所指兮太陽之心。時時可驗節候兮若影於鐙。地平之儀辨方正位。轉線參直。三光所至。出沒之度。漸升之意。秒忽微茫具可別識。象限平轉兮測高與庳。割圓八線兮於是焉施。合四爲一兮周天在茲。度唯九十兮厥數已全。紀限六十兮於以參焉。正反隅角兮靡幽弗宣。用稽距度兮兩星之間。弧三角之法兮推其所然。五

者相資多人分測片晷之餘各盡目力假變行之迅速無須臾
之或失別有渾球全賦星躔循黃之極碁罫珠聯列曜遠近南
北八度小輪之限準斯無牾亦依赤極出地有恒或正升兮斜
降或正降兮斜升晰伏見之先後諳里差之所因黃緯之刓兮
百世無攺宮分迆差兮恒星東匯以度計年兮六十六載下設
旋輪兮水激自動刻漏罔僭兮機發於踵爰有高弧繫之天頂
地平經緯兹焉互審或象限兮平觀或紀限兮斜距或黃赤儀
之所窺挈之球而參遇爛若軒轅之寶鏡兮縮圜形而周布衆
儀得其散兮球徵其聚正求兮反睽宛轉兮迴互測量有書兮
或不能句摩娑斯器兮曠如揭霧更旋宮兮十二隨道里兮攸
殊際地之極南北兮以爲之樞子午及平環兮以限四隅隅各

三宫兮東方爲初次第右環兮大權以區三合六合之照兮凶吉兮遂惟斯球而可睹兮攷步筭之密疏致用萬端未克枚舉洵天府之奇珍兮作則乎來者若其鎔金有法棄滓取精磨礲砥礪光輝熒熒旋之中規直之中繩擘劃匀細度萬其分真儀衡重測重求心力相扶兮罔偏積歲年兮弗傾跌交之以銅龍兮或海獸以相承爲水準與螺柱兮常消息焉取平夭矯兮騰踔攫拏兮猙獰詎美觀兮一時永奠定兮千春乃至崇臺百步廻出闤闠周以儲胥纖埃攸避上列六臺方圓式異相依兮交讓旋觀兮罔閡施窺筩之奇巧眄千里兮如對晝候兮日面之星夜占兮句巳之態折照浮光兮氣水水氣清濛厚薄兮地心相配交食淺深兮起虧進退地景厚薄兮青緑明昧視差有多

少兮命天九重月有弦望兮太白攸同抱日爲輪兮互入相容超西法之舊兮信天能之弗窮登斯臺也軒豁洞達耳目開通揮斥兮八極廣攬兮無終意氣兮飛揚凌虛兮御風習其器也陸離瀟灑繽紛磊砢燦爛兮朝霞孔明兮朱火照耀兮焜煌周流兮軒翥懷對越兮於穆遊吾心兮太古帝載之虛無兮陟降其所垓埏之邃絶兮歛之一黍匪重黎之誕降兮曷其臻乎要眇遡祈姚之不作兮疇則探斯奥窔伊崇效而卑法兮協至德於太灝定百代之猶豫兮踵危微於帝道卑遠臣之精思兮備前王之所少璿璣玉衡之不傳兮乃今而獲聖人之大寶亂曰巍巍穹窿帝所則兮父乾毋坤不敢不及兮寫以良金如塑像兮朝斯夕斯期勿忘兮子之於父視無形兮聽茲肖貌曷敢以

寧兮。兢兢業業承天休兮。奉若不違。升大猷兮。祈天永命。從茲始兮。億萬斯年昊天其子兮。

西國月日攷

攷回回國聖人辭世年月

回回國聖人辭世年月據西域齋期江寧王鴻堂刻单以康熙庚午五月初三日起是彼中第九月一日謂之勒墨藏一名阿咱而月也至六月初三日開齋是彼中第十月一日謂之紹哇勒一名荅亦月是爲大節再過一百日至九月十三日爲彼中第一月第十日謂之穆哈蘭一名法而幹而丁月其日爲阿叔喇濟貧之期謂之小節

鼎嘗以回回歷法推算本年白羊一日入第六月之第八日與此正合

又據齋期云本年庚午聖人辭世共計一千○九十六年此太陽年

攷木畢開聖人生死二忌在本年十一月十四日在彼爲第三月謂之勒必歐勒傲勿勒又名虎而達

查西域阿剌必年是開皇巳未距今康熙爲一千〇九十二筭减一爲一千〇九十一乃開皇巳未春分至今康熙庚午春分之積年

又查巳未年春分在彼中爲太陰年之第十二月初五日

以距筭一千〇九十一减聖人辭世千〇九十六相差五年逆推之得開皇十四年甲寅爲聖人辭世之年

約計甲寅至巳未此五年中節氣與月分差閏五十五日則甲寅春分當在彼中第十月之初

聖人辭世既是第三月則在春分月前七箇月爲處暑月即今

七月也。

自開皇甲寅七月十四日聖人辭世。至今康熙庚午七月十四日。正得一千。九十六年。故曰共計一千。九十六年也。

據此則開皇甲寅是彼中聖人辭世之年。薛儀甫謂爲囘囘歷。蓋以此而誤。

又按聖人以第三月辭世。而其年春分則在第十月。今彼以第十月一日爲大節。蓋爲此也。

攷泰西天主降生年月

據天地儀書。耶穌降生至崇禎庚辰。一千六百四十年。　算至康熙庚午。一千六百九十年。

查康熙戊辰年聸禮单。誕辰在冬至後四日。日躔箕宿七度。

逆推漢哀帝庚申約差廿四度則是當時冬至在斗宿之末約計耶穌降生在冬至前二十餘日爲小雪後四五日也自哀帝庚申十月算至隨開皇甲寅七月望回回教聖人馬哈本德辭世實計五百九十四年不足兩箇多月

攷歷書所紀西國年月

萬歷十二年甲申西九月十五日日躔壽星二度　又十三年乙酉西九月廿八日日躔壽星十五度半

萬歷十四年丙戌西十月　日日躔壽星二十九度　又十五年丁亥西十月廿六日日躔大火十二度太

萬歷十六年戊子西十一月初八日日躔大火二十六度太

又十七年巳丑西十一月廿二日日躔析木十一度弱

萬曆十八年庚寅。酉十二月初六日。日躔析木廿五度。又十九年辛卯。酉十二月廿一日。日躔星紀九度。

萬曆廿三年乙未。酉正月三十日。日躔玄枵廿一度。

萬曆卅五年丁未。酉七月初九日。日躔鶉首廿六度五三。又三十七年巳酉。酉七月廿一日。日躔鶉火八度半。

萬曆三十八年庚戌。酉八月初二日。日躔鶉火二十度。又三十九年辛亥。酉八月十五日。日躔鶉尾二度。

按此所紀皆是以日躔星紀二十度爲正月初一日。

析木二十度。或十九度爲十二月朔。　大火十九度。或二十度爲十一月朔。

壽星十八度。爲十月朔。　鶉尾十八度。爲九月朔。

鶉火十九度。或十八度爲八月朔。　鶉尾十八度。爲七月朔。此亦約畧之算。細求之。尚有太陽盈縮。

又正德九年甲戌西五月初五日子正前日躔大梁二十二度四十分。是以大梁十九度爲五月朔。所測在子正前。西歷紀日月午正。故日十九度

正德十五年庚辰西四月三十日日躔大梁十七度四八。是以降婁十九度爲四月朔。

又本年七月十三日日躔鶉火初度。是以鶉首十八度爲七月朔。

嘉靖二年癸未西十一月廿九日日躔析木十五度五四。是以大火十八度爲十一月朔。

嘉靖六年丁亥西十月初十日日躔壽星廿七度。是以壽星十八度爲十月朔。

嘉靖八年巳丑。酉二月初一日。日躔玄枵廿一度。　是以玄枵廿一度。爲二月朔。

萬歷十年壬午。酉二月廿六日。申初二刻。月躔娵訾十七度四十九分四二。　是以玄枵廿二度。爲二月朔。

萬歷十一年癸未。酉九月初六日。日躔鶉尾廿三度。　是以鶉尾十八度。爲九月朔。

萬歷十四年丙戌。酉十二月廿六日。申初二刻。太陽在星紀宮十四度五十一分五三。　是以析木十九度爲十二月朔。

萬歷十六年戊子。酉十二月十五日。巳初刻。太陽在星紀二度五十三分。　是以析木十九度。爲十二月朔。

萬歷十八年庚寅。酉二月初八日。午正後三十四刻。太陽視行在娵訾初四十秒。是以元枵廿三度爲二月朔。

又本年九月初七日子正。日躔鶉尾二十四度。據此初一日。鶉尾十八度。

萬曆廿一年癸巳。西八月初十日。日躔鶉火廿七度。是以鶉火十八度。爲八月朔。

又漢順帝永建二年丁卯。西三月廿六日酉正。太陽在降婁一度十三分。是以娵訾七度爲三月朔。

順帝陽嘉二年癸酉。西六月初三日。申正太陽在實沈九度四十分。是以實沈七度爲六月朔。

順帝永和元年丙子。西七月初八日。午正太陽在鶉首十四度十四分。是以鶉首七度爲七月朔。

又本年酉八月三十一日九月初一。太陽在鶉尾七度。

順帝永和二年丁丑酉十月初八日。太陽在壽星十四度。是以壽星七度爲十月朔。

順帝永和三年戊寅酉十二月廿二日。子正前四時。日躔析木九度十五分。據此初一日是大火八度。當是十一月。非十二月。

順帝陽嘉二年癸酉酉五月十七十八日。太陽在大梁二十三度。據此五月朔大梁七度。

按自漢順帝永建丁卯爲總積四千八百四十年。至明萬歷十二年甲申爲總積六千二百九十七年。相距一千四百五十七年。相差十二三度。即歲差之行也。

漢時月朔俱在各宮之七八度間。萬歷間月朔俱在各宮之十八九度或廿一二度。

據此論之。則西歷太陽年。用恒星有定度。其恒星節氣。雖從歲差西行。而每月之日次。則以太陽到恒星某度爲定。千古不變也。想西古歷法。只是候中星。每年某星到正中。即是某月。

又按此法。于歲差之理甚明。但欲敬授民時。則不如用節氣爲妥。天經或問。欲以冬至日爲第一月第一日。可以免閏。又可授時。詎本于方無可先生。然沈氏筆談。已先有其說矣。

今查瞻禮單

康熙丁卯年正月十八丁酉日　應西歷三月初一日

亥宮十度二十六分　危十一度二三

二月二十戊辰日　應西歷四月初一日

戌宮十一度十三分　壁六度二三

三月二十戊戌日　應西歷五月初一日

酉宮十度二十九分　婁十度五三

四月廿二己巳日　應西歷六月初一日

申一十度十五分　畢六度九分

五月廿二己亥日　應西歷七月初一日

未八度四十九分　井七度五一

六月廿四庚午日　應西歷八月初一日

午八度二十一分　柳二度二二

七月廿五辛丑日　應西歷九月初一日

巳八度一十分　張六度四八

八月廿五辛未日　應西歷十月初一日

辰七度三十〇分　軫一度〇四

九月廿七壬寅日　應西歷十一月初一日

卯八度二十二分　亢八度一八

十月廿七壬申日　應西歷十二月初一日

寅八度二四　心五度一八

十一月廿八癸卯日　應西歷正月初一日

丑十度二十分　斗四度二六

十二月三十甲戌日　應西歷二月初一日

子十一度五十六分　女四度三。

據此。則西國歷日是以建子之月爲正月也。其法不論太陰之晦朔。只以太陽爲主。然又不論節氣。但以太陽到斗宿四度爲正月一日耳。

又其數與新法歷書所載不同。豈彼國亦有攺憲耶。

按西歷以午正紀日。則巳上宿度宜各加三十分。依此推之。歐羅巴之正月一日。在斗宿五度。

新法歷書萬歷二十三年乙未西正月三十日。太陽在玄枵廿一度。于時日行盈歷。逆推初一日。是星紀廿一度。以歲差攷之。萬歷乙未至今丁卯。距九十二年。計差一度半弱。其時星紀廿一度。是斗十四度。

二法相較差十度必是改憲抑彼有多國各一其法耶

又按今之斗四度是星紀十度逆推前此六百六十餘年則正是冬至日太陽所躔之度也當此北宋之初瞻禮单必是此時所定

若歷書所載斗十四度則又在其前六百六十年距今丁卯共有一千三百二十餘年當在漢時蓋其時冬至日躔斗十四度故以爲歲首意者歷書所載故是古法而瞻禮单所定乃是新率耶由是觀之則耶蘇新教之起必不大遠

又按西法以白羊宫初度爲測算之端而紀月又首磨羯何耶曰測算論節氣是以太陽之緯度爲主紀月論恒星是以太陽之經度爲主故也

西國三十雜星攷

回回歴書有三十雜星錢塘袁惠子攷其經緯係以中法星名但所攷尚缺第三第四第五第十三第十四第廿四第廿五第廿九壬申秋晤於京師則皆補完余問其何本則皆自揣摩而得非三和授也又以余言改定巨蟹爲積尸氣缺碗爲貫索

薛儀甫歴學會通亦有三十雜星之攷亦有缺星名者今余所攷則以回歴星名同者爲証似比兩公爲有根本也又査恒星出沒表四十五大星內星名同者二十一

人坐椅子諸像非西洋六十像之像如貫索在回回歴爲缺椀在西洋則爲冕旒即此見西占之本出回回也

第五作觜宿南星性情既合又與參宿同象而歴書言遠鏡測

之有三十六星則爲氣類宜爲雜星所收今從袁說。
奎同、同婁犯表有天關及昴宿性情雖同星名不合。若如袁說。
則兩星性情皆係金土亦未可爲確據。不如缺之。

攷定三十雜星

戊午年距曆元戊辰五十一
年加星行四十三分二十秒

	性	緯度分	經度分	宮	名	譯	向	等
一	金土	五一 一五	○四 ○二	金牛	人坐椅子象上第十二星	王良第一星黄本同	北	三
二	火凶	○五 五一	○一 五九	陰陽	金牛象上第一十四星	畢宿大星黄本同薛本同	南	一
三	水火凶薛作木火			金牛	人提猩猩頭象上第十二星	袁作積尸五	北	二
四	水火凶			金牛	人提猩猩頭象上第七星	袁作積水三	北	二
五	水火凶薛本作第六		一五 八三	陰陽	人拿拄杖象上第一星	觜宿南星袁作觜宿小	南	六
六	水火凶薛作水土	一○ 六六	二一 四八	陰陽	人拿拄杖象上第四星	參宿第四星薛本同但其序移爲第七	南	一
七	土木	二三 三八	一五 七七	陰陽	人拿拄杖象上第五星	參宿第一星薛作第五黄作參七	南	二
八	木土	二二 五二	二一 ○三	陰陽	人拿拄杖象上第廿九星	參宿第三星黄作參内八增	南	二
九	木土	三四 一一	一二 二三	陰陽	人拿拄杖象上第三十七星	參宿第七星薛本同	南	一
十	水火	二五 二二	一二 七二	陰陽	人拿馬牽胸象上第三星	五車第二星黄本同薛本同	北	一

十一	水火	二二 一八	二五陰 六八陽	人拿馬牽胸象上第四星	五車第三星黃本同	北	二
十二	水微兼火	三三 九〇	〇四巨 九二蟹	大犬象上第一星	天狼星黃本同薛本同	南	一
十三	水微有火	一五 五七	二二巨 一五蟹	小人象上第五星	南河南星袁作南河南	南	一
十四	水	一〇 〇二	一四巨 五七蟹	兩童子並立象上第一星	北河第二星袁作南河北	北	二
十五	火	〇三 六八	一四巨 八九蟹	兩童子並立象上第六星	北河第三星黃本同	北	二
十六	火月凶一作火日	〇一 一四	〇五獅 二三子	大蟹象上第一星	積尸氣星黃作鬼二非	北	六最小
十七	土微有火	〇四 八七	二〇獅 五五子	獅子象上第六星	軒轅十二星黃本同	北	二
十八	火微有凶又云水甚凶	〇二 〇七	二二獅 五三子	獅子象上第八星	軒轅大星黃本同薛亦同	北	一
十九	土金水	一一 二八	一〇雙 七九女	獅子象上第二十七星	五帝座黃本同薛亦同	北	一
二十	水土一作火水	三〇 一三	一四天 九六秤	人呼叫象上第一星	大角星薛本同黃亦同	北	一
廿一	金微有薛本水作火	〇五 一九	一二天 九二秤	婦人有兩翅象第十四星	角宿南星薛本同黃亦同	南	一

今將原書所載列後

廿二	金水	四二 四三	〇四天 七五蝎	鈇椀象上第一星	貫索大星 黄作氐一	北	二
廿三	火微有 木凶	〇二 四七	〇一人 五九馬	蝎子象上第八星	心宿大星 薛本同黄亦同	南	一
廿四	日火凶	一一 三五	二一人 三三馬	蝎子象上第二十星	傳說星 袁作尾宿六	南	六最小
廿五	土水凶 一作火日	〇四 〇五	〇一磨 七三羯	人彎弓騎馬象上第七星	南斗魁北無名星 袁作斗宿距非建星 南七另有無名星	北	六最小
廿六	金水	六四 一八	一二磨 〇三羯	[illegible]象上第一星	織女星 薛本同黄亦同	北	一
廿七	火木	二二 九二	二七磨 一五羯	飛禽象上第三星	河鼓大星 黄本同	北	二
廿八	土水	二〇 一〇	二一寶 九八瓶	寶瓶象上第四十二星	北落師門 黄本同薛亦同	南	一
廿九	金水	五九 五六	〇〇雙 一〇魚	雞象上第五星	天津第四星 袁同	北	二
三十	水火凶	三〇 一八	二四雙 五六魚	大馬象上第三星	室宿北星 黄本同	北	二

	西星名	譯書時所述宮度	距黃道	等	性	
一	人坐椅子上第十二星	白羊二十度○七分	北	三	金土	
二	金牛象上第十四星	金牛二十四度十分	南	一	火凶	查此星宜作廿四度四十分
三	人提猩猩頭象上第十二星	金牛十二度四十分	北	二	水火凶	薛作火木
四	人提猩猩頭象上第七星	金牛十七度五十分	北	二	水火凶	
五	人拿拄杖象上第一星	陰陽十度	南	六	水火凶	薛本作第六
六	人拿拄杖象上第四星	陰陽十五度	南	一	水火凶	薛本作第七　又水火作水土
七	人拿拄杖象上第五星	陰陽七度五分	南	二	土木	薛本作第五
八	人拿拄杖象上第二十九星	陰陽十度二十分	南	一	木土	
九	人拿拄杖象上第三十七星	陰陽二度二分	南	一	木土	
十	人拿馬牽胸象上第三星	陰陽八度	北	一	水火	

序	星名	宮	度分	南北	等	性	注
十一	人拿馬牽胸象上第四星	陰陽	十五度五十分	北	二	水火	
十二	大犬象上第一星	巨解	初度四十分	南	一	木微兼火	
十三	小犬象上第二星	巨蟹	十二度十分	南	一	水微有火	
十四	兩童子並立象上第一星	巨蟹	六度二十分	北	二	水	
十五	兩童子並立象上第二星	巨蟹	九度四十分	北	二	火	
十六	大蟹象上第一星	巨蟹	廿三度二十分	北	六	火月凶	
十七	師子象上第六星	獅子	十五度十分	北	二	土微有火凶	
十八	師子象上第八星	獅子	十六度十分	北	一	火微有木凶	又云不甚凶
十九	師子象上第廿七星	雙女	七度三十分	北	一	土金	
二十	人呼呌象上第一星	天秤	十度	北	一	水土	
廿一	婦人有兩翅象第十四星	天秤	九度四十分	南	一	金微有水	薛本作金微有火

廿二	欽椀象上第一星	天秤廿七度四十分	北	二	金水	
廿三	蝎子象上第八星	天蝎廿五度四十分	南	二	火微有木凶	
廿四	蝎子象上第二十星	人馬十四度十分	南	六	日火凶	
廿五	人彎弓騎馬象第七星	人馬廿八度十分	北	六	土水凶	
廿六	磨象第一星	磨蝎初度廿分	北	一	金水	
廿七	飛禽象第三星	磨蝎十六度五十分	北	二	水木	木薛本作火
廿八	寶瓶象上第四十二星	寶瓶二十度	南	一	土木	
廿九	雜象上第五星	寶瓶廿二度十分	北	二	金水	
三十	大馬象上第三星	雙魚十五度十分	北	三	水火凶	

原書云。已上星度是三百九十二年前之數、其星皆東行。一年行五十四秒。十年行九分。六十六年行一度。觀者依此推之。終

歷算叢書輯要卷六十一

附錄一目錄

赤水遺珍

有弦與積求句股解四元玉鑑

圓田截積解

有句股積有股弦和求股

貴賤差分正誤

求周徑密率捷法

求正弦正矢捷法

求理分中末綫并圓内各體邊綫法

歷算叢書輯要卷六十一

宣城梅瑴成循齋甫學

男　鈁導和

壻胡騂先驤雲同校錄

附錄一

赤水遺珍

方田度里　正王制註疏之誤

王制曰古者以周尺八尺爲步今以周尺六尺四寸爲步古者百畝當今東田百四十六畝三十步古者百里當今百二十一里六十步四尺二寸二分

按疏言經文錯亂不可用而陳氏註又言疏義所算亦誤今以算術考之經疏固誤矣陳氏亦未盡合也蓋古者百畝當

今東田百五十六畝二十五步古者百里當今百二十五里

算法附後

求畝法以古步八尺自乘得六十四尺又以百畝乘之爲實以今步六尺四寸自乘得四十尺九十六寸爲法實如法而一得一百五十六畝二十五步爲今田畝數

求里法以古步八尺與百里相乘爲實以今步六尺四寸爲法實如法而一得一百二十五里爲今里數

論曰此三率互視法也試以三率排之

一率　今步積四十尺九十六寸

二率　古步積六十四尺

三率　古田百畝

四率　今田百五十六畒二十五步無零。注於步下誤加寸分。

以二三兩率相乘爲實。一率爲法除之。得四率爲今田數。

一率　今步六尺四寸

二率　古步八尺

三率　古者百里

四率　今一百二十五里

以二三兩率相乘爲實。一率爲法除之。得四率爲今里數。

又論曰。古今同用周尺。惟步法不同。故惟以古今之步法相較。即得田里之差。今疏註兩家俱將古今尺折成十寸立法。已迂。而得數又復舛誤。疏算得今田一百五十二畒七十一步有餘。今里一百二十三里一百一十五步二十寸。註算得今田一百五十六畒二十五步一寸六分千分寸之四。故爲正之。

測北極出地簡法解西士顏家樂法

設至一處。不知節候。惟測一恒星自出地平至正午歷三十刻。其高七十度。求北極高。

法以三十刻變赤道度。得一百一十二度三十分。其大矢一三八二六八爲一率。正矢六一七三二爲二率。七十度之正弦九三九六九爲三率。求得四率四一九五三爲正弦。查表得二十四度四十八分十七秒。內減去星距天頂二十度。餘四度四十八分十七秒。與九十度相加折半。得四十七度二十四分。八秒與九十度相減。餘四十三度三十五分五十二秒。爲北極出地度也。

如圖。壬爲天頂。寅丙乙爲地平。辛爲北極。辛壬乙巳寅爲子午

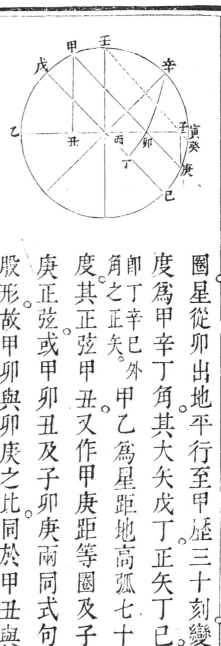

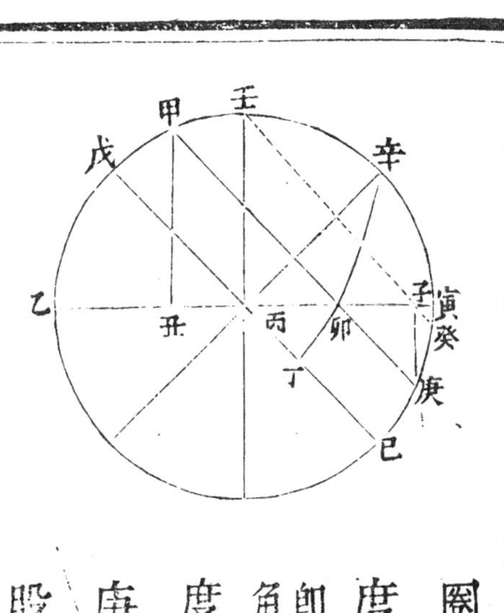

圈星從卯出地平行至甲歷三十刻變度爲甲辛丁角其大矢戊丁正矢丁巳即丁辛巳外角之正矢。甲乙爲星距地高弧七十度其正弦甲丑又作甲庚距等圈及子庚正弦或甲卯丑及子卯庚兩同式句股形故甲卯與卯庚之比同於甲丑與子庚之比而甲卯與卯庚之比原同於戊丁與巳丁之比然則戊丁與丁巳之比亦必同於甲丑與子庚之比矣旣得子庚查正弦得寅庚弧度內減星距天頂之癸庚弧癸庚與壬甲等餘寅癸弧與壬寅象限相加爲壬辛癸弧折半於辛得辛壬弧爲極距天頂與壬寅象限相減餘辛寅弧爲北極出地度也

既知北極出地度再測午正太陽高度即知節候矣

三角法用外角切綫解

如甲乙丙三角形有甲乙邊有乙丙邊有乙角

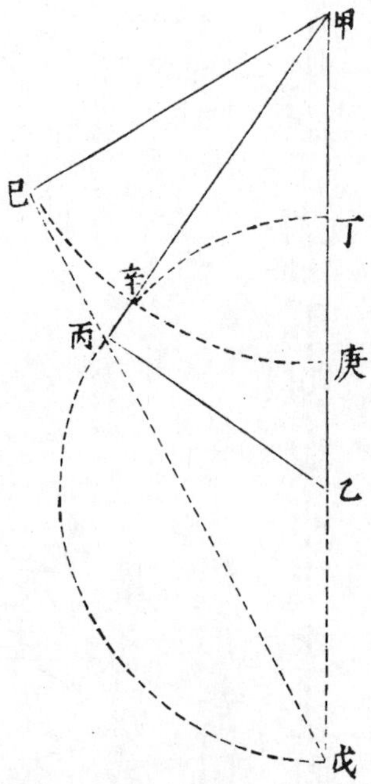

法以甲乙乙丙兩邊相加爲一率相減爲二率乙角與半周相減折半取切綫爲三率求得四率爲半較角切綫因得半較角以加減半外角即得丙角及甲角也

解曰此句股形弦與股之比例也試引甲乙至戊取乙丙爲半徑以乙爲心作戊丙丁半圓截乙戊綫於戊截甲乙邊於丁則

甲戊爲兩邊之總甲丁爲兩邊之較

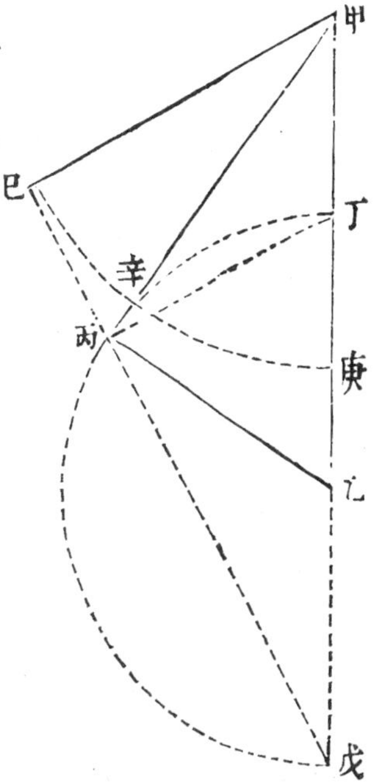

又自丙至丁作丙丁綫成丁乙丙兩邊相等之三角形則丁角與丙角必等而爲半外角矣又與丁丙平行作甲己綫又自戊過丙至己作戊己綫成戊丁丙及戊甲己小大兩同式句股形小形之丙角乘戊丙丁半圓則丙角必爲正角甲己既與丙丁平行則大形之己角必與丙正角等又同用戊角故爲同式句股形則大形之甲角必與小形之丁角等夫丁角半外角也則甲角亦即半外角而己甲丙角爲半較角矣又以甲爲心己爲界作己庚弧爲半外角之度則己戊爲其切綫己辛即半較角之度而己丙其切綫

也。故以甲戊邊總與甲丁邊較之比，同於巳戊半外角切綫與巳丙半較角切綫之比，而爲弦與股之比例也。既得半較角切綫，查表得巳甲丙角，亦即得甲丙丁角。（甲丙二角爲平行綫以內之交錯角，必等。）巳甲丙半較角減巳甲戊半外角，得元形之甲角。以甲丙丁半較角加丁丙乙半外角，得元形之丙角也。

弧三角形三邊求角用開平方得半角正弦法解（友人見示，云西士所授，而不知其用法之故，特爲解之。）

法以三邊相加折半爲半總，與角傍兩邊各相較，得兩較弧。乃以角傍小邊之正弦爲一率，小邊較弧之正弦爲二率，大邊較弧之正弦爲三率，得四率爲初數。又以角傍大邊之正弦爲一率，初數爲二率，半徑爲三率，求得四率爲末數。置末數以半徑

乘之爲實平方開之得半角之正弦

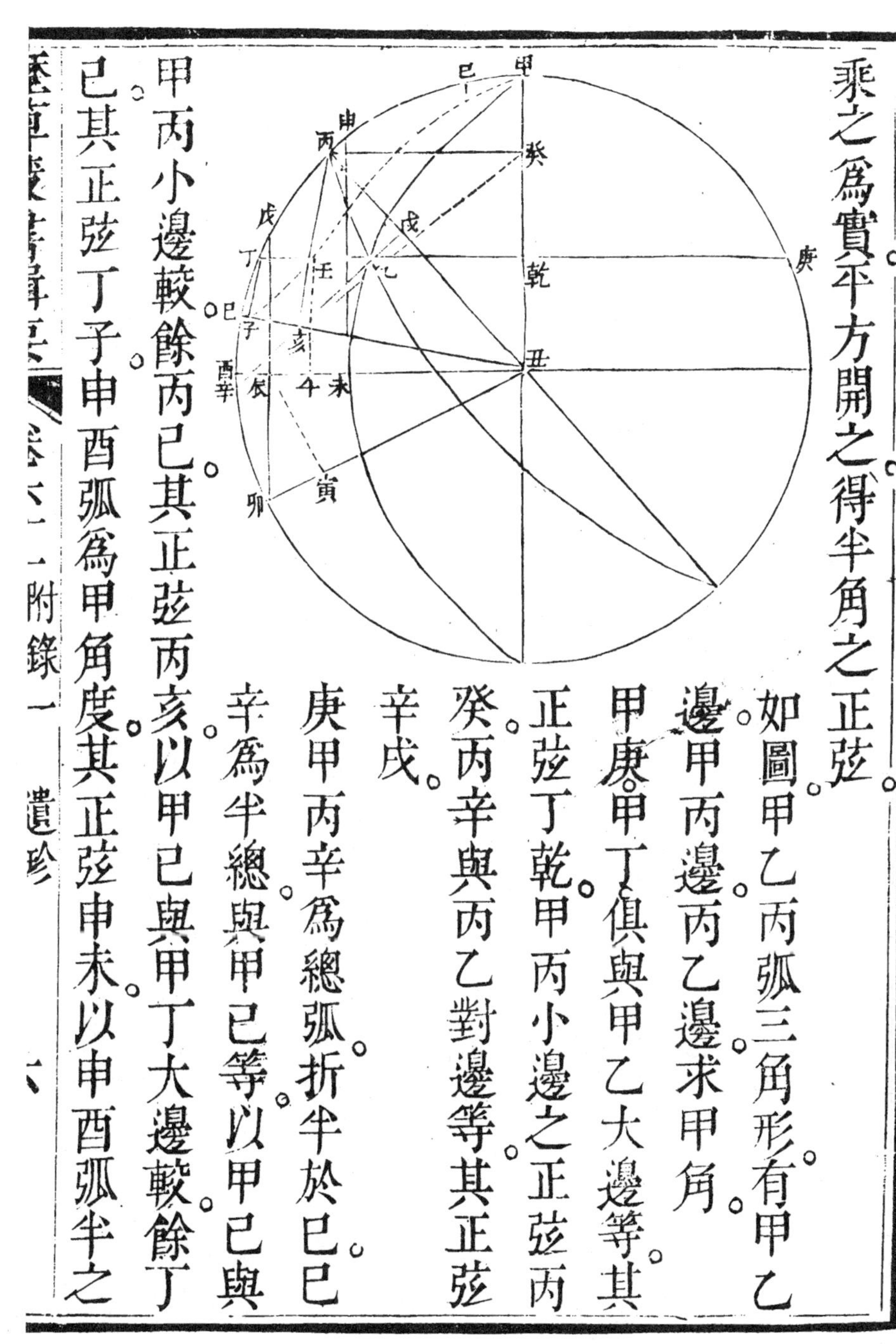

如圖甲乙丙弧三角形有甲乙邊甲丙邊丙乙邊求甲角

甲庚甲丁俱與甲乙大邊等其正弦丁乾甲丙小邊之正弦丙癸丙辛與丙乙對邊等其正弦辛戌

庚甲丙辛爲總弧折半於巳巳辛爲半總與甲巳等以甲巳與甲丙小邊較餘丙巳其正弦丙亥以甲巳與甲丁大邊較餘丁巳其正弦丁子申酉弧爲甲角度其正弦申未以申酉弧半之

於戊則戊酉弧爲半甲角度其正弦戊辰亦即卯辰

一率丙癸小邊正弦　法爲丙癸小邊正弦與丙亥小邊較弧正弦之比。

二率丙亥小邊較弧正弦　同於丁子大邊較弧正弦與丁壬初數之比也。

三率丁子大邊較弧正弦　癸丙亥三角形與丁子壬三角形爲相似形故可爲比例。

四率丁壬初數

一率丁乾大邊正弦　又丁乾大邊正弦與丁壬初數之比同於丑酉半徑與午酉末數之比也既得午酉與寅卯等可求辰卯即戊辰爲半甲角之正弦。

二率丁壬初數

三率丑酉半徑

四率午酉末數

一率丑卯半徑
二率辰卯半角正弦
三率辰卯
四率寅卯即午酉末數

法為丑卯半徑與辰卯半角正弦之比同於辰卯與寅卯即午酉末數之比而為連比例四率也丑辰卯句股形與辰寅卯句股形同式故可為比例故以丑卯首率與寅卯末率相乘為實平方開之得中率辰卯為半甲角之正弦查表得度倍之即甲角也

或曰何以知癸丙亥三角形與丁子壬三角形相似也曰凡三角形三邊俱平行其三角必相等則為相似形而可為比例今癸丙亥三角形與丁壬子三角形其丙癸邊與丁壬邊平行丙亥邊與丁子邊平行癸亥邊亦與壬子邊平行是三邊俱平行其為相似形無疑矣然亦有小邊正弦丙癸小於小邊截弧之正

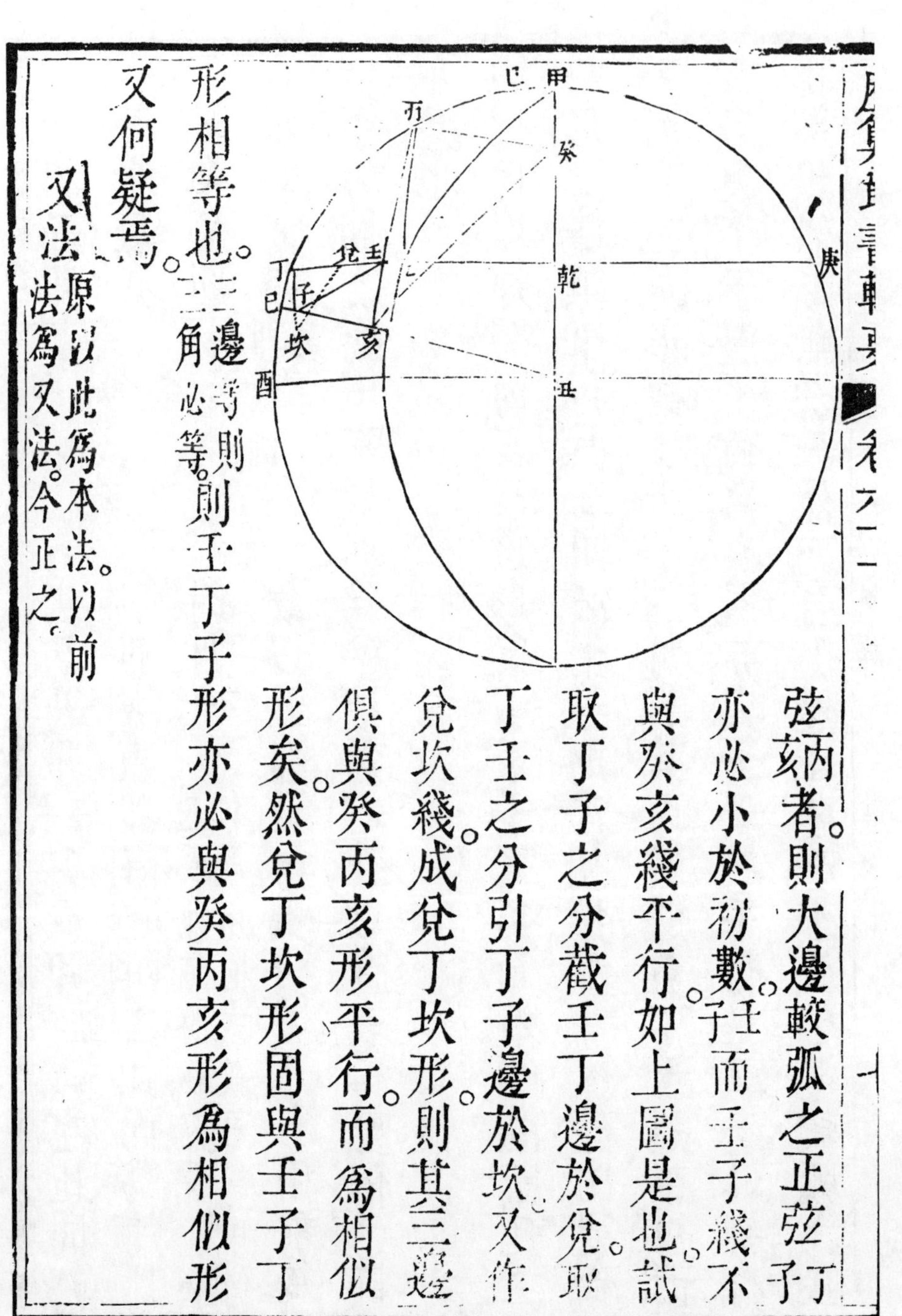

弦亥丙者。則大邊較弧之正弦丁子亦必小於初數壬子。而壬子幾不與癸亥幾平行。如上圖是也。試取丁子之分截壬丁邊於兌。取丁壬之分引丁子邊於坎。又作兌坎綫。成兌丁坎形。則其三邊俱與癸丙亥形平行。而為相似形矣。然兌丁坎形固與壬子丁形相等也。三邊等則三角必等。則壬丁子形亦必與癸丙亥形為相似形又何疑焉。

又法原以此為本法。以前法為又法。今正之。

以角傍兩弧之較。與對弧相加減而半之。各取其正弦相乘。又以角傍兩弧之餘割相乘。以乘兩較弧正弦相乘之數爲實。平方開之。得數以半徑除之。爲半角之正弦。

按此法卽從前法中轉換而出。不過變兩正弦除爲兩餘割乘。又變兩次乘除爲一次乘除也。蓋正弦與半徑之比。原同於半徑與餘割之比。此八綫相當之理也。本宜以餘割乘兩次。今以餘割相乘而後乘之。是變兩次乘爲一次乘也。本宜以丑酉及丑卯兩半徑乘。今因用餘割。變兩半徑乘爲兩半徑除也。本宜以半徑除兩次。然後開方。得半角之正弦。今不除開方。得根。而以半徑除一次。其得數同也。但三次疊乘。其數繁重。不如前法爲簡。而反爲本法者。蓋欲示人以繡出之鴛鴦。而藏其金針耳。

天元一即借根方解

嘗讀授時歷草求弦矢之法先立天元一為矢而元學士李冶所著測圓海鏡亦用天元一立算傳寫魯魚算式譌舛殊不易讀前明唐荆川顧箬溪兩公互相推重自謂得此中三昧荆川之說曰藝士著書往往以秘其機為奇所謂立天元一云爾如積求之云爾漫不省其為何語而箬溪則言細考測圓海鏡如求城徑即以二百四十為天元半徑即以一百二十為天元既知其數何用算為似不必立可也二公之言如此余於顧說頗不謂然而無以解也後供奉

內廷蒙

聖祖仁皇帝授以借根方法且

諭曰西洋人名此書爲阿爾熱八達譯言東來法也敬受而讀之其法神妙誠筭法之指南而竊疑天元一之術頗與相似復取授時歷草觀之乃渙如氷釋殆名異而實同非徒曰似之已也夫元時學士著書臺官治歷莫非此物不知何故遂失其傳猶幸遠人慕化復得故物東來之名彼尚不能忘所自而明人獨視爲贅疣而欲棄之噫好學深思如唐顧二公猶不能知其意而淺見寡聞者又何足道哉何足道哉

先解借根方法全書入數理精蘊中玆畧具數則以見大意不過大官一臠耳

借根方法原名東來法今名乃譯書者就其法而質言之也根者幾也面之界也體之楞也凡布算先借一根爲所求之物與借衰略相似借根而并言方者初入算雖只借根但根乘根則

成平方根乘平方則成立方以及屢乘至多乘方俱所必用故名之曰借根方法也

設丁乙二人出本經商獲利均分丁用過七百兩乙用過一百兩則乙之餘銀三倍於丁問原分銀若干

答曰原各分銀一千兩

法借一根爲原分銀之數則丁之餘銀爲一根少七百兩乙之餘銀爲一根少一百兩乙之餘銀既三倍於丁則將丁之餘銀一根少七百兩三倍之爲三根少二千一百兩則與乙之餘銀一根少一百兩相等矣乃加減

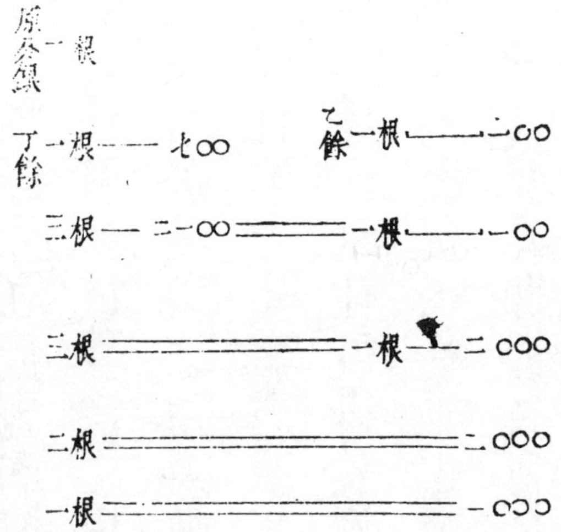

原分銀 一根

丁餘 一根——七〇〇　　乙餘 一根——一〇〇

三根——二一〇〇＝＝一根——一〇〇

三根＝＝一根　二〇〇〇

二根＝＝二〇〇〇

一根＝＝一〇〇〇

之。使歸於簡約。兩邊各加二千一百兩。則三根與一根多二千兩爲相等。丁三根少二千一百兩。今加二千一百兩。則補足三根之數。乙一根少一百兩。今亦加二千一百兩。以一百兩補足原少之數。仍多二千兩。兩邊各減去一根。則二根與二千兩相等。而一根必爲一千兩。爲原分銀數也。丁分銀一千兩。用去七百兩。則仍餘三百兩。乙分銀一千兩。用去一百兩。則仍餘九百兩。爲丁之三倍也。　圖中用號有三種。如丄爲多號。一爲少號。二爲相等號。後倣此。

設有一長方。其長闊和七尺。又有大小二正方。大方等長方之長。小方等長方之闊。三方面積共三十七尺。問長與闊各幾何。

答曰。長四尺。闊三尺。

法借一根爲長方之闊。則長方之長爲七尺少一根。以一根自乘得一平方。爲小方面積。以七尺少一根自乘。得四十九尺少十四根多一平方。凡少與少乘。多與多乘。得數皆爲多。若少與多乘。多與少乘。得數皆爲少。後倣此。爲大方面積。以一根與七尺少一根相乘。得七根少一平方。爲長方面積。

根————七　長
根—　闊

平方—一—四根————四九　大方
平方—　小方
平方—七根　長方

七三————七根————四九—一—平方
七三—一—七根————四九—一—平方
七根————二—一—平方

積。三面積相加。得一平方多四十九尺少七根。與三十七尺相等。兩邊各加七根。得一平方多四十九尺。與七根多三十七尺相等。兩邊各減三十七尺。得一平方多十二尺。與七根相等。乃以十二尺爲實。七根作七尺爲長闊和。用和縱平方開之。得闊

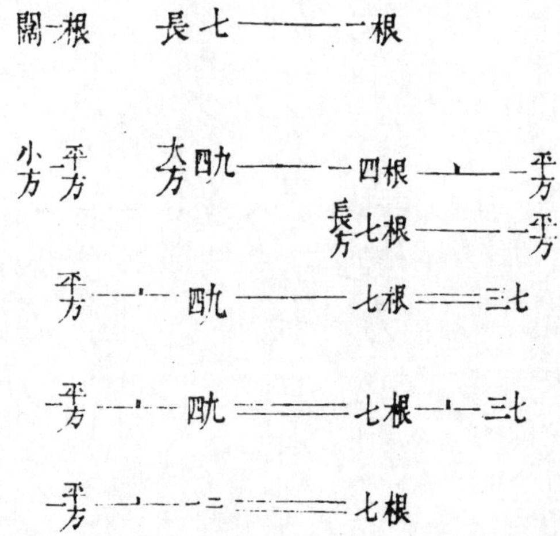

三尺闊減和餘四尺爲長合問。

授時歴立天元一求矢術以借根方法解之

設黃道出入赤道二十四度求矢

草曰立天元一爲矢。即如借一根爲矢也。自之。二因爲二矢冪。即如根乘根爲平方。二因得二平方也。以圓徑一百二十一度七十五分除之爲弦背差。原注今不除有圓徑母蓋矢冪不備法故不除也。圓徑母者用圓徑爲分母。即以二矢冪爲分子也。有母減背。應作母乘背。四十八度爲弦。〦〣〡〢是爲五千八百四十四少二平方也。背弦差爲一百二十一度七十五分平方之二。以減弧背四十八度則爲四十八度少一百二十一度七十五分平方之二爲弦。今皆以母乘之。以母乘背。得五千八百四十四。以母乘分子之二。得二平方。即爲五千八百四十四少二平方爲弦。故不曰差減背而曰母乘背也。自之爲弦冪式。

〦〣〦〢〧〢〦〢〤〧〢〢是爲三四一五二三三六。少平方二三三七六。少三乘方四也。有圓徑冪自之在內。原本落在內二字。又爲徑冪乘弦冪寄左。背內減差自乘爲弦冪。今以徑乘背而自乘之。即如以弦自乘而復以徑冪乘之。故曰有圓徑冪自之在內。又爲徑冪乘弦冪也。又以矢減徑。即爲一百二十一度七十五分少一根。以矢乘之。以一根四乘之也。

因爲弦冪式。[illegible]是爲四百八十七根少四平方也。以徑冪[illegible]乘之。得[illegible]是爲七百二十一萬八千八百三十一根四三七五少平方五萬九千二百九十二二五。亦爲徑冪乘弦冪與左相消。原本落相消二字。得[illegible]是爲三千四百一十五萬二千三百三十六。與七百二十一萬八千八百三十一根四三七五少平方三萬五千九百一十六二五少三乘方四爲相等。三乘方開之。宜云帶縱三乘方開之。得四度八十四分八十二秒之數。即一根爲矢度。以上並依歷草原文而加注也。

附開帶縱三乘方簡法

以三四一五二三三三六爲實。以根方數爲縱。約四度爲初商。與根數相乘。得二八八七五三三五七五爲根數。又以四自乘得十六。以平方數乘之。得五七四六六〇爲平方共積。又以四再自乘得二百五十六。以四因之得一〇二四爲三乘方共積。與平方共積相併。得五七五六八四。與根積相減。餘二八二九九六四一七五爲初商應減數。以減原實。餘五八五二六九四二五爲次商實。

次商八十分。合初商爲四八。以乘根數。得三四六五〇三九〇九。又以四八自乘。以乘平方數。得八二七五一〇四爲平方共積。又以四八再自乘而四之。三乘方數得二一二三三六六四爲三乘方共積與平方共積相加。得八二一九九六三三七六六四。與根積相減。餘三三八二〇七五七一三三六。為初次兩商應減數。以減原實。餘三三一五七八八六六四。為三商實。三商以後皆倣此開之。

論曰。此以背乘徑。又自乘之為實。四因徑以乘徑冪為縱。置四因徑冪。四因徑以減之。餘為負廉。四為負隅。用減積三乘方開之也。若以商數自乘以乘負廉。又以商數再自乘以乘負隅。併負廉負隅以益實。乃以商數乘縱而除實。所得亦同。

餘句餘股求容圓徑用借根方解測圓海鏡立天元一之法

或問出西門南行四百八十步有樹。出北門東行二百步見之。

問城徑幾步。

答曰。城徑二百四十步。

法曰。以二行步相乘爲實。二行步相併爲從。二步常法。得半徑。

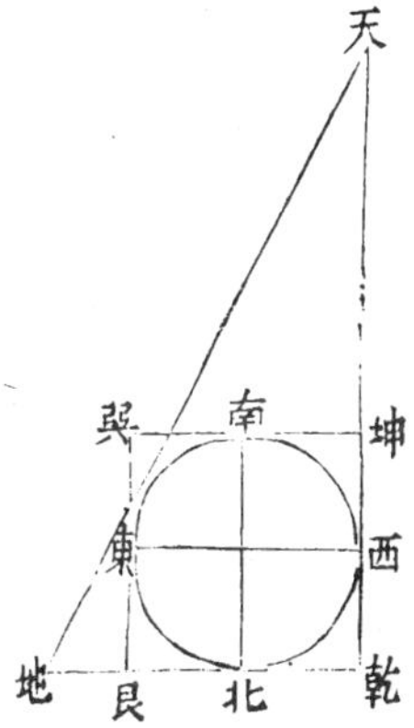

草曰。立天元一爲半徑。置南行步（天西）在地內減天元半徑。（坤西）得𠃊元卝爲股圓差。（天坤即餘股也。）又置東行步在地（地北）內減天元（艮北）得下式𠃊元丨○爲句圓差。（艮地即餘句也。）以句圓差乘股圓差得丅元卌○○（蓋乘得一天元冪。少六百八十天元。又九萬六千步。）爲半段黃方冪。卽城徑冪之半也。寄左　又置天元冪倍之得川元○亦爲半段黃方冪。與左相消。得丅元卌○○（蓋左右各消去一天元冪。則右餘一天元冪。與左餘九萬六千少六百八十根相等也。）如法開之。得城半徑。倍之。得城徑。合問。

右測圓海鏡中一則也原書算式訛舛今爲改正畧加註釋稍覺明白其所謂減天元半徑及天元相乘皆虛數並非先知半徑實數用以乘減如顧箬溪之所云者試以借根方法求之其理更明。

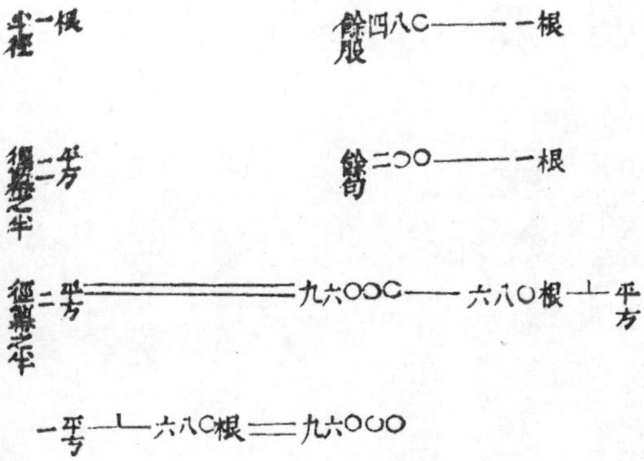

借一根爲半徑於南行步內減去半徑得四百八十步少一根爲餘股於東行步內減去半徑得二百步少一根爲餘句兩數相乘得九萬六千步少六百八十根多一平方爲城徑冪之半存之　又置一根自乘倍之得二平方亦爲城徑冪

餘股 四八〇———一根

餘句 二〇〇———一根

九六〇〇〇——六八〇根⊥平方

一根 半徑

二平方 得徑冪之半

徑冪之半 二平方＝＝＝九六〇〇〇

一平方—⊥—六八〇根＝＝九六〇〇〇

之半與存之之數爲相等乃加減之兩邊各減一乘方各加六百八十根得一平方多六百八十根與九萬六千步爲相等乃以九萬六千爲實六百八十爲縱用帶縱平方開之得一百二十步爲一根之數即城之半徑也

三角形用弦較句總求中垂綫用借根方解四元玉鑑立天元一如積求之之法

今有方池一所每面丈四方停葭生西岸長其形出水三十寸整東岸蒲生一種水上一尺無零葭蒲梢接水齊平借問三般怎定　答曰水深十二尺葭長十五尺蒲長十三尺

術曰立天元一爲水深如積求之得二千一百六十爲正實一百九十二爲益方一爲正隅平方開之合問

又立天元一爲蒲長如積求之得二千三百五十三爲正實一

百九十四爲益方一爲正隅平方開之合問

又立天元一爲葭長如積求之得二千七百四十五爲正實一百九十八爲益方一爲從隅平方開之合問

右四元玉鑑中一則也藏匿根數微露端倪所謂秘其機以爲奇惟恐緘縢之不密或泄其金針誠有如荆川之所云者今以借根方攻之其堅立破倘荆川復生定當擊碎唾壺也

此法葭蒲兩梢相接成三角形池寛爲底蒲爲小腰葭爲大腰水深爲中長綫分爲大小兩句股用借根方法求之

葭十五尺大弦
水深十二尺
中長綫爲股
蒲十三尺小弦
大句九尺
小句五尺
兩共十四尺爲句總

法借一根爲水深股如自乘得一平方爲股冪葭出水三尺卽爲一根多三尺大弦如自乘得一平方多六根多九

尺爲大弦冪內減去股冪一平方餘六根多九尺爲大句冪蒲出水一尺卽爲一根多一尺如小弦自乘得一平方多二根多一尺爲小弦冪內減去股冪一平方餘二根多一尺爲小句冪大小兩句冪相乘得十二平方多二十四根多九尺之存又以池寬一十四尺如句總自乘得一百九十六尺內減去大小兩句冪餘一百八十六尺少八根半之得九十三尺少四根爲小句乘大句面冪自乘得十六平方少七百四十四根多八千六百四十九尺此數與前存之之數卽兩句冪相乘數爲相等乃加減之兩邊各減十二平方及九尺又各加七百四十四根則爲四平方多八千六百四十與七百六十八根爲相等各取四之一則一平方多二千一百六十尺與一百九十二根爲相等乃以二千一

百六十爲實。以一百九十二爲長闊和。用減縱捷法算之。以一百九十二折半得九十六爲半和。自乘得九千二百一十六。與二千一百六十相減。餘七千零五十六。平方開之。得八十四尺爲半較。與九十六尺相減。餘十二尺。爲一根之數。即水深也。加一尺得十三尺。爲蒲長。再加二尺。得十五尺。爲葭長。

試先求葭。則借一根爲葭長。自乘得一平方。爲大弦冪。葭出水三尺。即水深爲一根少三尺。自乘得一平方少六根多九尺。爲股冪。以減大弦冪。餘六根少九尺。爲大句冪。蒲比葭短二尺。則爲一根少二尺。自乘得一平方少四根多四尺。爲小弦冪。內減股冪。餘二根少五尺。爲小句冪。大小兩句冪相乘。得十二平方少四十八根多四十五尺。存之。　又以池寬十四尺自乘得一百九十六尺內減去大小兩句冪餘二百一十尺少八根半之得一百〇五尺少四根自之得十六平方少八百四十根多一萬一千〇二十五尺此數與前存之之數爲相等乃加減之兩邊各減去十二平方及四十五尺又各加八百四十根則爲四平方多一萬〇九百八十尺與七百九十二根爲相等各取四之一則爲一平方多二千七百四十五尺與一百九十八根相等乃以二千七百四十五爲實以一百九十八爲長闊和用減縱法開之得十五尺爲一根之數即葭長也

按先求葭長與先求水深其法無二而四元玉鑑於前法則云一爲正隅後法則云一爲從隅故異其詞殆亦欲秘其機之意耳

又按測圓海鏡一書前立圖解條分縷晰覩其自序不計人之憫笑而惟求自得于心似非有意秘惜者但其細草不將加減乘除之數寫出而惟以號式代之在當下非不明顯無如傳寫失真竟至不可思議然著書時初未計及於此也荆川乃等諸四元玉鏡之秘其機緘與藝士同譏過矣

有弦與積求句股　用借根方解四元玉鑑法

今有直田一畝足正向中間生竿竹四角至竹各十三借問四事原數目　答曰闊十步長二十四步

術曰立天元一爲闊如積求之得五萬七千六百爲益實六百七十六爲縱上廉一爲益隅三乘方開之得闊

又立天元一爲長如積求之得五萬七千六百爲正實六百七

十六爲益上廉一爲正隅三乘方開之得長

又立天元一爲和如積求之得一千一百五十六爲益實一爲正隅平方開之得和

又立天元一爲較如積求之得一百九十六爲正實一爲負隅平方開之得較

論曰以自角至竹十三步倍之得二十六步爲直田對角斜綫剖直田爲二句股形以斜綫爲弦田闊爲句田長爲股以一畝化二百四十步爲句股倍積用借根方法求之

法借一根爲句自乘得一平方爲句實以弦自乘得六百七十六爲弦實弦實內減句實一平方餘六百七十六少一平方爲股實以句實乘股實得六百七十六平方少一三乘方之存 又

以倍積二百四十步自乘。得五萬七千六百。與存之之數爲相等。乃以五萬七千六百爲正實。六百七十六平方爲從廉。一三乘方爲負隅。用負隅益積三乘方開之。得十步爲一根之數。自乘得一百步爲一平方實。以乘平方數得六萬七千六百。大於原實。又以平方實自乘。得一萬爲三乘方。以益實共六萬七千六百。與平方數相當。減盡。得句十步。合問。

解曰。此以倍積自乘成長立方形。以句自乘數爲底。以股自乘數爲長。今不知股數。而以弦自乘數爲長。實比股自乘數多一百。則比原積倍積自乘數。多一百平方。夫一百平方者。即一三乘方也。故以三乘方爲負隅。以益積而相減。恰盡也。

若借一根爲股。則先得股。其法與求句無異。其倍積自乘之形。

亦成長立方。但以股自乘得五百七十六爲底。而以句自乘之一百爲長。今不知句數。而以弦自乘之六百七十六爲長。則比原積多五百七十六平方。夫五百七十六平方者。即一三乘方積也。故以三乘方爲負隅。以益積而減積必盡也。

按求句求股。法與數俱無異。而四元玉鑑于求句則云爲益實。爲從上廉。爲益隅。於求股則云爲正實。爲益上廉。爲正隅。其詞迥異。豈求闊求長。其開之之法果有別乎。雖然同一積實。同一廉隅。而或先得闊。或先得長。其法雖巧。而商數不易。固不如先求和較之爲簡捷也。

又按求和較之法。以倍倍積與弦實相加。得一千一百五十六。開方得和。以倍倍積與弦實相減。得一百九十六。開方得較。此了不異人意然於求和則云爲益實爲正隅于求較則云爲正實爲負隅何以參差如此乎殆將故異其詞以自秘乎抑傳寫之失其眞耶觀於此則求闊求長之異其詞大抵類此可不必深求矣

圓田截積解算法統宗法

設圓田徑十步截弧矢積十步問弦矢

答曰矢二步弦八步

法曰倍積自乘得四百步爲實四因積得四十步爲上廉四因徑得四十步爲泛下廉五爲負隅用開三乘法除之商二步副置三位一乘上廉得八十步爲上廉法一乘負隅得十步以減泛下廉餘三十步爲定下廉一自乘得四步以乘定下廉得一

百二十步爲下廉法併上下廉法共二百步爲下法復以商數二步乘下法得四百步除實恰盡即定二步爲矢以矢除倍積得十步減矢二步餘八步爲弦合問

論曰弧矢截積之法雖不合於密率然施之方田諸務已儘足用乃算學名家多辯其非并疑其開三乘方法爲牽合殆由於不知三乘方之形狀并不知倍積自乘之形狀耳夫三乘方者帶一縱之長立方也因其縱與方根數相符如幾立方相接故謂之三乘方而不得謂之帶縱立方凡三乘方之方根二者爲兩立方相接根三者爲三立方相接根四以上倶倣此若其縱再長過於方根之數如根二者縱過於二根三者縱過於三之類則謂之帶縱三乘方矣此倍積自乘成方柱形以矢自乘爲底矢徑和自乘爲高今不知弦矢數故借積徑爲廉法以求

之乃負隅減縱開三乘方法其上廉下廉負隅皆有形可指有數可稽並非牽強偶合之術也如圖甲戊長柱形其積四百即倍積自乘之數矢自乘四步如庚戊爲底弦矢和自乘百步如甲庚爲高四因積得四十爲上廉如甲辛以矢乘之如甲乙面再以矢乘之即成甲辛乙丑長立方又四因徑得四十爲泛下廉如辛丙矢乘負隅得十如癸丙以減辛丙餘辛癸爲定下廉以矢自乘以乘之成辛癸丁長立方再以矢乘之成辛丁長立方者二如辛庚戊故減積恰盡也試以借根方法算之

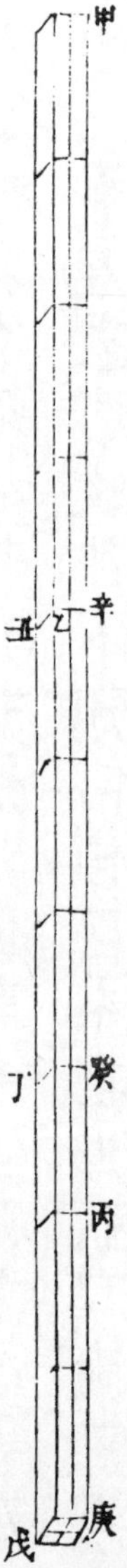

法借一根爲矢於倍積内減矢羃一平方得二十步少一平方

爲矢乘弦冪自之得四百步少四十平方多一三乘方爲矢冪乘弦冪之數存之又以矢徑相減相乘四因之得四十根少四平方爲弦冪又以矢冪一平方乘之得四十立方少四三乘方與前存之之數爲相等兩邊各加四十平方減去一三乘方則爲四十立方多四十平方少五三乘方與四百步相等也乃用帶縱負隅三乘方法開之商二步爲矢再自乘五因之得八十爲五三乘方以益積得四百八十步爲實以二步自乘以乘平方數得一百六十以二步再乘以乘立方數得三百二十併之得四百八十減積恰盡

解曰如前圖甲辛丑者四十平方積也辛庚戊者三十立方積也今須減四十立方積是原積內負十立方積亦即五三乘方

積方根二者一三乘方爲兩立方也故用五三乘方以益積而後減之也

又論曰借根方用益積法而統宗用減縱法其理無二何也四十平方者上廉也四十立方者下廉也五三乘方者負隅也原實内負五三乘方數者因下廉内多十立方數也故以商數乘負隅得十於下廉内減去則餘三十立方與原實等故減積恰盡也

有句股積有股弦和求諸數 用減縱翻積開三乘方

設句股積五百四十尺股弦和九十六尺問句股弦

答曰股四十五尺　句二十四尺　弦五十一尺

法倍句股積而自之得一百十六萬六千四百尺爲帶縱三乘方實實有七位應有次商　以股弦和九十六尺爲上廉又爲

下廉以二爲負隅　初商四十以負隅二乘之得八十以減下廉九十六餘十六以乘初商自乘之一千六百得二萬五千六百乃以上廉九十六乘之得二百四十五萬七千六百大于原實翻以原實減之餘一百二十九萬一千二百爲翻積以待次商

次商五以負隅二乘之得一十以減下廉十六餘六另倍初商併次商得八十五以次商五乘之得四百二十五以下廉減餘六乘之得二千五百五十存之　另倍次商以初商乘之得四百再乘得一萬六千大於存數翻以存數減之餘一萬三千四百五十乃以上廉九十六乘之得一百二十九萬一千二百以減翻積恰盡開得股四十五尺既得股則句弦俱得矣

論曰有句股積及股弦和較或句弦和較求句股向無其法昔在蒙養齋彙編數理精蘊苦思力索知其須用帶縱立方因立法四條載入體部中偶與門生丁維烈言有句股積及股弦和或句弦和須用帶和縱立方其商數甚不易得爾試思之或別有御之之法乎丁生遂思得此術以應因其頗能深入故附載之然其商數仍不易得也

解曰股上方以股弦較乘之再以股弦和乘之與倍積自乘之數等夫股自乘成一平方又以較乘之即成扁立方其長闊皆如股其高如較再以和九十六乘之爲九十六個扁立方合之成一大高立方其長闊仍俱如股其高如九十六較而較數不可知故以倍積自乘爲實和數爲縱用減縱三乘方法開之而

得股也。

貴賤差分別法 正算法統宗之誤

今有狐鵰不知數，狐一頭九尾，鵰一尾九頭，只云前有七十二頭，後有八十八尾，問狐鵰各幾何。　答曰：九狐，七鵰。

原法置總頭總尾相減，餘十六，是二物共數，以尾九因之，得一百四十四，內減總尾八十八，餘五十六為實。另以尾九內減一頭，餘八為法，除實得七為鵰數，以減共數十六，餘九為狐數。

論曰：以總頭總尾相減，得共數，乃偶合耳，非通法也。試加一狐，則總數為十七，而總頭七十三，總尾九十七，相減餘二十四，於共數多七。若加一鵰，則總頭八十一，總尾八十九，相減餘八，於共數又少九，故曰偶合也。然則此頭尾減餘之數為虛數乎？曰非也。乃狐多於鵬之較數也。以兩物之頭相較，而鵬多八頭；以尾相較，則狐多八尾。故以頭尾總數相減，若餘八頭，則多一鵬；餘八尾，則多一狐。由此言之，今所餘者尾數也，故知其爲狐多於鵬之較也。而御之則有二法：置總頭七十二，以九尾通之，爲六百四十八，内減總尾八十八，餘五百六十爲實；又以兩尾相減，餘八尾爲法，除之，得七十爲鵬之頭尾共數，退位得七鵬；置總頭七十二，減去鵬頭六十三，餘九爲狐。此貴賤差分本法也。又法：併總頭尾，得一百六十，退位得十六，爲兩物共數。一物之頭尾共十，故退位即爲兩物共數也。又以總頭尾相減，餘十六尾爲實；以狐之頭尾相減，餘八尾，總數尾多於頭，是狐多於鵬也，故以狐之頭尾相減。爲法，除之，得二狐，爲狐多於鵬之較；以減共數十六，餘十四，折半得七，爲鵬；鵬加二，得九爲弧也。

求周徑密率捷法

譯西士杜德美法。

割圓舊術屢求句股至精至密但開數十位之方非旬日不能辦今以圓內六等邊別立乘除之數以求之得之頃刻與屢求句股者無異故稱捷法焉。

先將一三五七九等數各自乘爲屢次乘數。

次	數	數	自乘
〡	一	一	一
〢	三	三	九
〣	五	五	二五
〤	七	七	四九
〥	九	九	八一
〦	一一	一一	一二一
〧	一三	一三	一六九
〨	一五	一五	二二五
〩	一七	一七	二八九
〡〇	一九	一九	三六一
〡〡	二一	二一	四四一
〡〢	二三	二三	五二九

如一自乘仍得一爲第一乘數。三自乘得九爲第二乘數。以至二十三自乘得五百二十九爲第十二乘數。

又將二三四五六七八九等數。以挨次兩位相乘。又以四乘之。爲屢次除數。

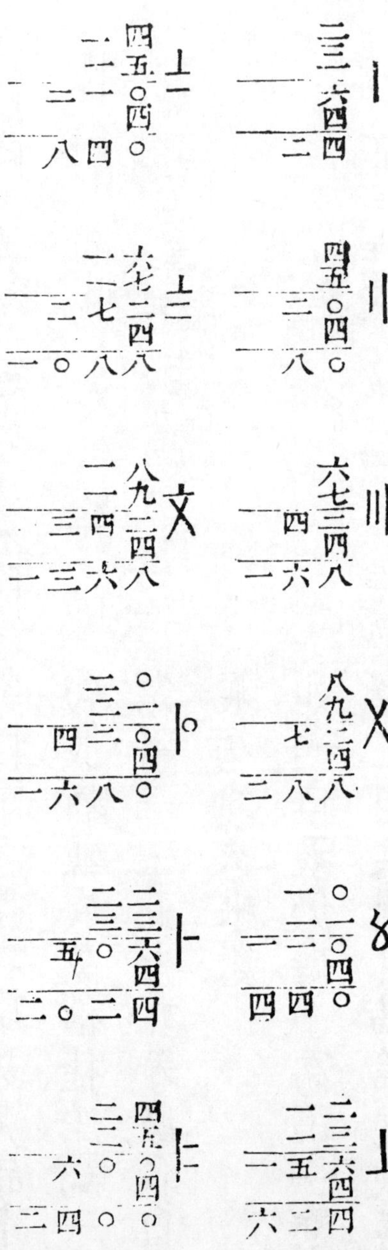

丨　三六四四　二

刂　四五〇四〇　三八　一

川　六七二四八　四六　一

X　八九二四八　七八　二

8　〇一〇四〇　一二二四　四

丄　三三六四四　一二五二　六

丄一　四五〇四〇　一二一四　二八　一

丄二　六七二四八　一二七八　二〇　一

文　八九二四八　二一四六　三三　一

卜〇　〇一〇四〇　二三三八　四六　一

卜　三三六四四　二三〇二　五〇　二

卜二　四五〇四〇　三二〇〇　六四　二

如二三相乘得六。以四乘之得二十四。爲第一除數。四五相乘得二十。以四乘之得八十。爲第二除數。以至二十四與二十五相乘得六百。以四乘之得二千四百。爲第十二除數。

設徑二十億求周徑位愈多尾數愈密。茲以十位爲例。

法以徑二十億三因之得六十億即圓內六邊形。爲第一數爲實以第一乘數乘之一乘其數不變。第一除數二十四除之得二五○○○○○○爲第二數又爲實以第二乘數九乘之第二除數八十除之得二八一二五○○○爲第三數累次乘除至所得數祗一位爲止去單位以下之零數不用。乃併之得六二八三一八五二九九即所求徑二十億之周率也

二	○	○	○	○	○	○	○	○	○
									三
六	○	○	○	○	○	○	○	○	○
	二	五	○	○	○	○	○	○	○
		二	八	一	二	五	○	○	○
			四	一	八	五	二	六	七
				七	一	二	○	七	六
				一	三	一	○	八	六
					三	五	四	一	八
						五	一	一	三
						一	○	五	七
							二	二	三
								四	七
								一	○
									二
六	二	八	三	一	八	五	二	九	九

論曰乘除俱至單位止今設十位之徑須乘除十二次始至單位若位數多則所用乘除之數必須按位增加也

弧綫表

度	〡	〢	〣	〤	〥	〦	〧	〨	〩	〡〇	〡〡	〡〢	〡〣	〡〤	〡〥	〡〦
一			一	七	四	五	三	二	九	二	五	一	九	九	四	三
二			三	四	九	〇	六	五	八	五	〇	三	九	八	八	六
三			五	二	三	五	九	八	七	七	五	五	九	八	二	九
四			六	九	八	一	三	一	七	〇	〇	七	九	七	七	三
五			八	七	二	六	六	四	六	二	五	九	九	七	一	六
六		一	〇	四	七	一	九	七	五	五	一	一	九	六	五	九
七		一	二	二	一	七	三	〇	四	七	六	三	九	六	〇	三
八		一	三	九	六	二	六	三	四	〇	一	五	九	五	五	六
九		一	五	七	〇	七	九	六	三	二	六	七	九	四	八	九
十		一	七	四	五	三	二	九	二	五	一	九	九	四	三	二
分																
一					二	九	〇	八	八	八	二	〇	八	六	六	五
二					五	八	一	七	七	六	四	一	七	三	二	〇
三					八	七	二	六	六	四	六	二	五	九	九	五
四				一	一	六	三	五	五	二	八	三	四	六	六	一
五				一	四	五	四	四	四	一	〇	四	三	三	二	六
六				一	七	四	五	三	二	九	二	五	一	九	九	一
七				二	〇	三	六	二	一	七	四	六	〇	六	五	七
八				二	三	二	七	一	〇	五	六	六	九	三	二	二
九				二	六	一	七	九	九	三	八	七	七	九	八	七
十				二	九	〇	八	八	八	二	〇	八	六	六	五	三
秒																
一							四	八	四	八	一	三	六	八	一	一
二							九	六	九	六	二	七	三	六	二	二
三						一	四	五	四	四	四	一	〇	四	三	三
四						一	九	三	九	二	五	四	七	二	四	四
五						二	四	二	四	〇	六	八	四	〇	五	五
六						二	九	〇	八	八	八	〇	二	八	六	六
七						三	三	九	三	六	九	五	七	六	七	七
八						三	八	七	八	五	〇	九	四	四	八	八
九						四	三	六	三	三	二	三	一	二	九	九
十						四	八	四	八	一	三	六	八	一	一	一
九十度	一	五	七	〇	七	九	六	三	二	六	七	九	四	八	九	六

立表之法

道全周密率爲實以三百六十度除之得每度之弧綫屢加之至十度又置一度之弧綫爲實以六十分除之得一分之弧綫屢加之至十分又置一分之弧綫爲實以六十秒除之得一秒之弧綫屢加之至十秒表而列之爲求弦矢之用

求弦矢捷法

弧矢割圓之術有弧背即可求弦矢然非密率大測割圓之法理精數密然不能隨度以求弦矢今任設畸零之弧分度不必符乎六宗法不必依乎三要而弦矢可得且與密率無殊焉斯誠術之奇而捷者也

五九八九〇四〇五
八二八九四八〢二
五三八七二四〤三
六五〇一四〣九
〇四九六二〡二
九七三二〢二
四〢七
三三

二一一九五一
度分秒

設弧二十一度十九分五十一秒半徑八位求其正弦

法於弧綫表內取二十一度十七分五十一秒之

弧綫而併之。得三七二二九三二五。因半徑八位。故弧綫亦只用八位。為設弧

丨　三七二二九三二五

‖　八六〇〇一一

‖|　五九五九

╳　一九

丨　三七二二九三二五

‖|　五九五九

三七二三五二八四

八六〇〇三〇

三六三七五二五四

一三八六〇二二六

一三六

一三八六〇二二六

四五二〇

一三八六〇二二六

七四二

‖　八六〇〇一一

╳　一九

八六〇〇三〇

之共分自乘得一三八六〇二二六。亦只用八位。為屢乘數。又以二三四五六七之六數相挨兩兩相乘為除數。如二三相乘得六為第一除數。四五相乘得二十為第二除數。六七相乘得四十二為第三除數。即用設弧共分為第一得數。復為實。以屢乘數乘之。凡乘出之數。截去末八位。後倣此。第一除數六除之得八六〇〇一一為第二得數。又為實。以屢乘數乘之。第二除數二十除之。得五九五九九為第三得數。又為實。以屢乘數乘之。第三除

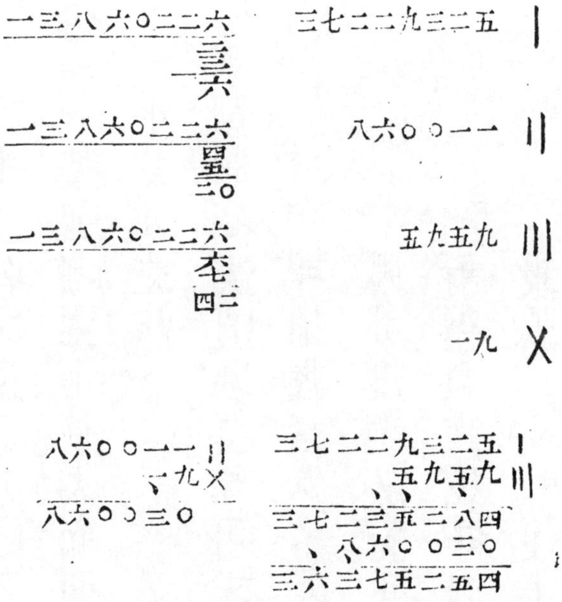

數四十二除之得一九爲第四得數。乃以第一得數與第三得數相併。又以第二得數與第四得數相併。末以後併數減先併數。餘三六三七五二五五四。截去末一位。即所求之正弦也。凡正弦俱小於半徑。入算時多用一位以齊尾數。故得數後亦截去一位也。後倣此。

設弧十六度二十七分四十三秒。半徑九位。求其正弦。

法取設弧度分秒之弧綫而併之得二八七三一五一三三二。因半徑九位故弧綫亦用九位。爲設弧之共分自乘得八二五四九九八五。爲屢乘數。又用二三相乘之六爲第一除數。四五相乘之二十爲第二除數。六七相乘之四十二爲第三除數。即用設弧共分爲第一得數。復爲實。以屢乘數乘之。第一除數

九一七六七一
一一一四四四〣
五五四七五四〡
二五六一二四〣
九七七二九五〣
二九七六三四〤
三一一三九一〣
五七八〇一〢
四四五二〢
七〇〡
一一

二八七三一五一三一八一

一六度
二七分
四三秒

〡 二三一五一三七八二

〢 六七九二五九三

〣 五一三六一

〤 二三

〡 二三一五一三七八二
〣 五一三六一
七四四一三三七八三
八〇〇三五九三
九三四八七三三三八三

〢 六七九二五九三
〤 二三
八〇〇三五九三

〇五八九九四五二八
三三
六
〇五八九九四五二八
四五
〇三
〇五八九九四五二八
七六
二四

六除之得三九五二九七。以六爲第二得數。又爲實。以屢乘數乘之第二除數十二除之得一六三一五爲第三得數。又爲實。以屢乘數乘之第三除數四十二除之。得三二爲第四得數。乃以第一得數與第三得數相併。又以第二得數與第四得數相併。復以後併數減先併數。餘二八三三七八四三九。截去末一位。即所求之正弦也。

如求正矢　法以設弧共分自乘之八二五四九九八五〇爲屢乘數。又以三四相乘之十二爲第一除數。五六相乘之三

四一二七四九九二五〡

二八三九三八六〢

七八一三〣

一一〤

八二五四九九八五〇
三
四
一二

八二五四九九八五〇
五
六
三〇

八二五四九九八五〇
七
八
五六

二八三九三八六〢
一一〤
二八三九三九七

四一二七四九九二五〡
、七八一三〣
四一二七五七七三八

、二八三九三九七
四〇九九一八三|四一

十爲第二除數。七八相乘之五十六爲第三除數。乃以屢乘數折半爲第一得數爲實以屢乘數乘之。第一除數十二除之。得二八三九三八六爲第二得數。又爲實以屢乘數乘之第二除數三十除之。得七八一三爲第三得數。又爲實以

屢乘數乘之第三除數五十六除之得一一爲第四得數於是以第一得數與第三得數相併以第二與第四相併復以兩併數相減得四○九九一八三四一截去末二位即所求之正矢也以正矢減半徑得九五九○○八一七即設弧之餘弦亦即餘弧七十三度三十二分十七秒之正弦

如設弧過四十五度以上者先求得餘弧之正矢以減半徑即得設弧之正弦也

求理分中末綫并圓内各體邊綫法以量代算

設乙丙圓徑求諸綫

法取乙丙圓徑度作甲乙綫爲股半徑乙子爲句作甲子綫爲弦於甲子弦内減去丁子半徑餘甲丁又取甲丁度截甲乙綫

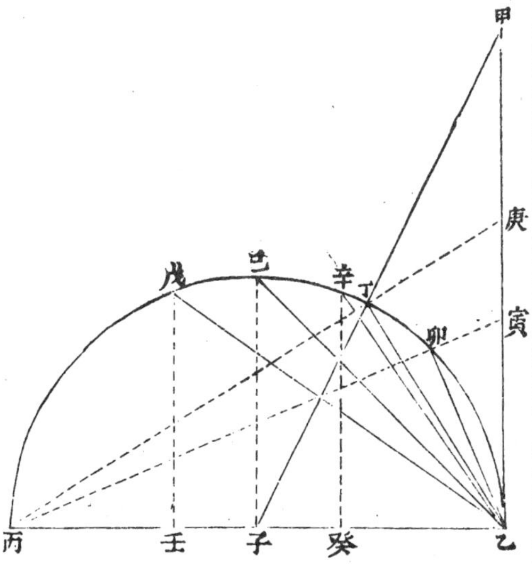

於寅。卽成理分中末綫甲乙爲全分。甲寅爲大分。寅乙爲小分。從寅至丙作綫割圜周於卯。乃作卯乙綫。卽渾圓內容十二等面體之邊綫也。

又截甲乙全分於庚。使庚乙與甲寅大分等。從庚至丙作綫割圜周於丁。卽甲子弦割圜周處。乃作丁乙綫。卽渾圓內容二十等面體之邊綫也。

又從圜心子作垂綫割圜周於巳。乃作巳乙綫。卽渾圓內容八等面體之邊綫也。

又取圓徑三之一。如癸乙於癸作垂綫。割圓周於辛。乃作辛乙綫。即渾圓內容六等面體之邊綫也。六等面即立方。

又取圓徑三之二。如乙壬從壬作垂綫割圓周於戊。乃作戊乙綫。即渾圓內容四等面體之邊綫也。

以數明之

甲乙全分　一二〇〇〇〇〇〇　乙丙圓徑同

甲寅大分　七四一六四〇七　庚乙同

寅乙小分　四五八三五九三

乙卯十二等面　四二八一八六五

丁乙二十等面　六三〇八七七三

辛乙六等面　六九二八二〇三

己乙八等面　八四八五二八一

戊乙四等面　九七九六一九五八

以算術解之

求理分中末綫之法。以全分爲股。如甲乙 全分之半爲句。如乙子 用句股求弦術得弦。如甲子 弦內減去句。如丁子即乙子 餘爲大分。如甲丁 於全分內減去大分。截甲寅與甲丁等 餘爲小分也。如寅乙 觀圖自明。

求渾圓內十二面體之法。以圓徑爲股。如乙丙 小分爲句。如寅乙 求得弦。如寅丙 爲一率。小分如寅乙 爲二率。圓徑如乙丙 爲三率。求得四率爲十二面體之邊。乙卯 此蓋用寅乙丙及卯乙丙兩同式句股形各用其弦與句爲比例也。求二十面體之法與此同。惟用大分爲句耳。餘詳數理精蘊暨幾何補編。

求渾圓内六等面方。即立方。八等面。四等面。各體之法。俱以圓徑冪爲用。如六等面。則取徑冪三之一。八等面取徑冪二之一。四等面取徑冪三之二。俱以平方開之。得各體之邊也。餘詳數理精藴。

歴算叢書輯要卷六十二

附録二目録

操縵卮言

曆算叢書輯要卷六十二

宣城梅㲄成循齋甫著

男鏐繼美

甥孫胡世源仲本同較錄

附錄二

操縵卮言

周官答問 答三禮館總裁

來札云極知公事無暇。而有不得不請教者。將來此書必列公同訂。即不然。某亦自為記說。使天下後世知公能承家學。為吾黨所仰重也。送去大司徒一冊。案語中有某所未講者。望詳為勘定。必義理確實。辭句簡明。方可入經解。幸不吝刪改為禱。

詳看案語惟景朝景夕及地中二則甚妥土深一條未見王氏說不敢妄議四遊條謂衡岳日中無影及日影千里差一寸之說俱不確謹另擬請正

地體渾圓居天中亘古不動天以南北兩極爲樞紐赤道橫帶天腰距兩極適均日行黃道出入於赤道之南北冬至出赤道南故距地近夏至入赤道北故距地遠而星辰距地則四時皆等也四遊之說謂地與星辰升降於三萬里中又謂日影于地千里而差一寸其說皆不可通蓋地惟至靜故能載萬物必無升降之理觀星辰距地無四時遠近之殊可見至于日至之影其南北長短之差漸次增減不可以千里一寸限也鄭賈未解地圓之理故引無根之說如此

來札云馮相一冊望撥冗爲詳訂其是非若能代作駁案語更感將來入鄙集中仍一一揭公姓字不敢掠美也

馮相氏掌十有二歲十有二月十有二辰十日二十有八星之位辨其序事以會天位

賈疏歲星爲陽右行于天一歲移一辰又分前辰爲一百三十四分而侵一分則一百四十四年而跳一辰十二歲一小周一年移一辰故也千七百二十八年一大周十二跳帀故也

按賈疏言歲星百四十四年而跳一辰則每辰應分百四十四分其言百三十四分者誤也又按時憲書歲星每年平行一辰又八十七分辰之一計八十七年有零而跳一辰千四十六年

零而一大周與賈疏數懸遠總之古說疏闊大槩如此不獨歲星無足怪也

鄭注會天位者合此歲日月辰星宿五者以爲時事之候若今歷日太歲在某月某日某甲朔日直某也國語王合位於三五蓋由此術云

賈疏王合位於三五者謂武王伐紂之時歲在鶉火月在天駟日在析木之津辰在斗柄星在天元引之者證經五者各於其位　易氏祓曰按武王伐殷以十一月二十八日戊子於夏爲十月是時歲在張故曰鶉火月行至房房爲駟故曰天駟日行至箕故曰析木後三日爲周正辛卯朔日月會於斗故曰斗柄是日辰星始見於元枵一名天

元故曰天元

按周書惟一月壬辰旁死魄越翼日癸巳王朝步自周于征伐商既戊午師渡孟津癸亥陳于商郊甲子昧爽受率其旅若林會於牧野國語曰王以二月癸亥夜陳未畢而雨而史記亦曰二月甲子武王至牧野誓師今易氏乃曰武王伐殷以十一月二十八日戊子與經史俱不合又曰後三日爲周正辛卯朔查辛卯乃于征伐商之前三日非既革殷之後三日也

又按太歲十二年一周木星行天亦十二年一周有似太歲故名歲星是歲星因太歲而得名而太歲實無與於歲星也此節掌十有二歲專屬太歲保章氏以十二歲之相專言歲星注疏殊牽混

曆算叢書輯要　卷六十二附錄二　卮言

冬夏致日。春秋致月。以辨四時之敘。

鄭氏康成曰。冬至日在牽牛。景丈三尺。夏至日在東井。景尺五寸。此長短之極。極則氣至。冬無愆陽。夏無伏陰。春分日在婁。秋分日在角。而月弦於牽牛東井。賈疏春分日在婁。月上弦在東井。圓於角。下弦于牽牛。秋分日在角。月上弦于牽牛。圓于婁。下弦於東井。故注并言月弦于牽牛東井。不言圓望。義可知也。亦以其影知氣至否。春秋冬夏氣皆至。則是四時之敘正矣。

原按先儒謂虞書敬致。即此經致日。其法於二至之晝漏半求日中之影。則致月亦當于二分日之夜漏半求月中之影。分至皆中氣。與弦時相去七日八日不等。疏舍圓望而第言上弦。不知上弦時分氣當未至。何足據以為準。況上弦之月。昏已過中。又何從而測之。

按疏增言圓望以補注義。非舍圓望而第言上弦也。况上弦之月亦嘗不可測。案語非是。擬改如後。

致日致月。即虞書敬致之義也。日行出入於赤道有南至北至。月行出入於黃道有陰歷陽歷。夫冬夏致日。注義盡之矣。而致月必於春秋何也。蓋春秋二分。當黃道赤道之交。黃道與赤道同度。於此測月。可得陰陽歷之真度矣。如春分日在婁而月上弦於東井。秋分日在角而月下弦於東井。則是月所行者夏至日道也。其夜中之影宜與夏至之午影等。又如春分日在婁而月下弦於牽牛。秋分日在角而月上弦於牽牛。則是月行冬至之日道也。其夜中之影宜與冬至之午影等。而徵之所測或等焉。或不等焉。其等者必月正當黃道也。其短於午影者必入黃道北而爲陰曆也。其長於午影者必月出黃道南而爲陽曆也。注專言兩弦者以此。若夫二分之望月在其衡此時日之過午也。其高度與赤道等。則月亦宜然。然而月之過午有時而高於日度。則知其在陰曆也。有時而卑於日度。則知其在陽曆也。此賈疏增言圓望之義也。

來札云案議義精而確。辭簡而明。敬服深感。又測土深深字之義看注疏及羣儒說俱不能了然於心。惟有以開愚蒙。幸甚。

承詢土深之義。謹按鄭注以東西南北言深。土方氏注。賈疏謂地之遠近爲深。其說皆是。倘解作淺深則不可通。蓋土圭之法只可以測遠近若測深必須覆矩非土圭所能御而所謂覆矩測深者亦謂從高測下如從山頂測山下之物要必目可見者方可測若夫土之淺深目不能見雖覆矩亦不能御也且深字古人嘗作遠字用如深入不毛年深豈免有缺畫之類不一而足注疏之說似無可疑此復

來札云前得手教知土之深淺目所不見者雖覆矩之法亦不能御昭然若發矇矣但思造城郭必度溝渠使水流輸委不逆地防未審算術中有測數里數十里數百里外地勢高下之法否攷工匠人營國一則望爲細看注疏究切其義以示我

匠人建國水地以懸

鄭氏康成曰立王國若邦國者。於四角立植而懸以水望其高下。高下既定。乃爲位而平地。

按即今水平法也。其製用小柱下端施足。令可隨地安放。上端平安木槽。長三尺許。從槽面至足底高四尺。此水平器也。如欲知兩處之高下。置水平於此處。注水於槽。令平滿。懸繩于杜。不得欹側。於彼處立竿。令木槽之兩端與竿參直。乃從此處引繩至竿。令繩與木槽平。不得絲毫軒輊。於是量竿從繩至地若干尺寸。與水平之高下相較。如竿比水平多一尺。則彼處低一尺。若比水平少一尺。則彼處高一尺也。如法遞測之。雖數百里外之高下可知矣。

置槷以縣。眡以景。

鄭氏康成曰。槷古文臬假借字。于所平之地中央樹八尺之臬。以縣正之。眡之以其景。將以正四方。

為規識日出之景與日入之景。

鄭氏康成曰。日出日入之景。其端則東西正也。又為規以識之者。為其難審也。自日出而畫其景端。以至日入既而為規。測景兩端之內規之。規之交乃審也。度兩交之間。中屈之以指臬。則南北正。

按日出入時。其景甚長。端不可識。故為規以識之。非先識景端而後為規也。其法於國中治地極平。作圓規。中心置臬。日出時景在臬西。視景交規處識之。日入時景在臬東。眡景交規處識之。末取兩交相距。中屈以指臬。夏至前後屈處為正南。臬為正北冬至前後反是。

晝參諸日中之景，夜攷之極星，以正朝夕。

鄭氏康成曰：日中之景最短者也，極星謂北辰。

賈氏公彦曰：前經已正東西南北，恐其不審，猶更以此二者以正南北。言朝夕，即東西也。南北正則東西亦正，故兼言東西也。

註疏說俱是。

冢札云：今以廣五步長二百四十步爲一畝，積至百畝正方，廣長各如干步，如干丈尺，萬望撥冗算出見示，以欲駁羣儒朝市一夫之賀說也。

按：古者六尺爲步，步百爲畝，蓋廣一步長百步也。今以五尺爲步二百四十步爲畝蓋廣一步長二百四十步也亦有廣五步之說若積百畝古者廣長各百步爲六百尺今田百畝廣一百五十步長一百六十步若開正方則廣長各一百五十四步有零爲七百七十四尺五寸奇

屢承下問因叨世愛不敢避越俎之嫌謹逐條細勘黏籤處及另擬按語倘若可用幸另謄送館勿令知某姓名爲禱

明史館呈總裁

一歷志半係先祖之稾但屢經改竄非復原本其中訛舛甚多凡有增刪改正之處皆逐條籤出

一天文志不宜併入歷志擬仍另編蓋歷以欽若授時置閏成歲其術委曲繁重其理精微爲說滐長且有明二百七十餘年

沿革非一事造歷者非一家皆須入志雖盡力删削卷帙猶繁若加入天文之説則恐冗雜不合史法自司馬氏分歷與天官爲二書歷代因之似不可易

一天文志例載天體星座次舍儀器分野等事遼史謂天象千古不易歷代之志天文者近于衍其説似是而非蓋天象雖無古今之異而古今之言天者則有疎密之殊况恒星去極交宫中星晨昏隱現歲歲有差安得謂千古不易今擬取天文家論説之精妙法象之創闢躔度之眞確爲古人所未發者著于篇至于星官分主及占驗之説前史已詳槩不復錄

一月犯恒星爲天行之常無關休咎不應登載蓋太陰出入黄道南北各五度約二十七日而周則近黄道南北五度之星皆

當太陰必由之道。太陰固不能越恒星飛渡而避淩犯也。使果有休咎。如占家言。其徵應當無日無之。而今不然。亦可見其不足信。春秋書日食星變。而無月犯恒星之文。史家泥于星官之曲說。相沿而未攷也。

一五星犯月入月。爲必無之事。擬削之。蓋月在前而星追及之。謂之星犯月。是必星行疾于月而後有之。乃五星終古無疾於月之行。卽終古無犯月之理。又月去人近。五星去人以次而遠。安得出月之下而入月中。彼靈臺候直之官。類多不闇天文。且日久生玩。未必身親。委托之人。既難悉信。夜深倦極。瞥見流星飛射。適當太陰掩星之時。遂謂有星犯月入月。候簿所書。或由於此。康熙某年蘆溝橋演礮。欽天監誤以東南天鼓鳴入奏。致受處分有案可徵此因奏聞故知其謬若星變凌犯之類彼自書而藏之其是非有無誰得而辨惟斷之于理庶不爲其所惑一老人星江以南三時盡見天官書言老人星見治安乃無稽之談疇人子弟因而貢諛屢書候簿不足信也擬削之

明史歷志論

後世法勝于古而屢改益密者惟歷爲然唐志謂天爲動物久則差忒不得不屢變其法以求之此說似矣而不然也易曰天地之道貞觀者也蓋天行至健確然有常本無古今之異其歲差盈縮遲疾諸行古無而今有者因其數甚微積久始著古人不覺而後人知之而非天行之忒也使天果動而差忒則必參差凌替而無典要安從脩改而使之益密哉觀傳志所書歲失

其次日度失行之事不見於近代亦可見矣夫天之行度多端而人之智力有限持尋尺之儀表仰測穹蒼安能洞悉無遺惟合古今人之耳目心思踵事增修庶幾符合故不能為一成不易之法也黄帝迄秦歷凡六改漢凡四改魏迄隋十五改唐迄五代十五改宋十七改金迄元五改惟明之大統歷實即元之授時承用二百七十餘年未嘗改憲成化以後交食往往不驗議改歷者紛紛如俞正己冷守忠不知妄作者無論矣而華湘周濂李之藻邢雲路之倫頗有所見鄭世子載堉撰律歷融通進聖壽萬年歷其說本之南都御史何瑭深得授時之意而能補其不逮臺官泥於舊聞當事憚于改作並格而不行崇禎中議用西洋新法命閣臣徐光啟光祿卿李天經先後董其事成

曆書一百三十餘卷，多發古人所未發。時布衣魏文魁上疏排之，詔立兩局推驗，累年較測，新法獨密，然亦未及頒行。由是觀之，曆固未有行之久而不差者，烏可不隨時修改以求合天哉。今採各家論說有裨于曆法者，著于篇端，而大統曆則述立法之原，以補元志之未備，回回曆始終隸於欽天監，與大統參用，亦附錄焉。

明史大統曆論

造曆者各有本原，史宜備錄，使後世有以攷。如太初之起數鍾律，大衍之造端蓍策，皆詳本志。授時曆以測驗算術爲宗，惟求合天，不牽合律吕卦爻，然其法之所以立，數之所從出，以及晷影星度，皆有全書。郭守敬齊履謙傳中有書名可攷，元史漫無採摭僅存李謙之議錄曆經之初槀其後改三應率及立成之數與夫割圓弧矢之法平立定三差之原盡削不載使作者精意湮沒識者憾焉今據大統曆通軌及曆草諸書稍為詮次首法源次立成次推步而法原之目七曰句股測望曰弧矢割圓曰黃赤道差曰黃赤道內外度曰白道交周曰日月五星平立定三差曰里差刻漏立成之目四曰太陽盈縮曰晨昏分曰太陰遲疾曰五星盈縮推步之目七曰氣朔曰日躔曰月離曰中星曰交食曰五星曰四餘

明史回回曆論

回回曆法西域默狄納國王馬哈麻所作其地北極高二十四度半經度偏西一百零七度約在雲南西八千八百餘里其曆

元用隋開皇已未即其建國之年也洪武初得其書于元都十五年秋太祖謂西域推測天象最精其五星緯度又中國所無命翰林李翀吳伯宗同回回大師馬沙亦黑等譯其書其法不用閏月以三百六十五日爲一歲歲十二宮宮有閏日凡百二十八年而宮閏三十一日以三百五十四日爲一周周十二月月有閏日凡三十年月閏十一日歷千九百四十一年宮月日辰再會此其立法之大概也按西域歷術見於史者在唐有九執歷元有札馬魯丁之萬年歷九執歷最疎萬年歷行之未久惟回回歷設科隸欽天監與大統參用二百七十餘年雖于交食之有無深淺時有出入然勝于九執萬年遠矣但其書多脫誤蓋其人之隸籍臺官者類以土盤布算仍用其本國之書而

明之習其術者如唐順之陳壤袁黃輩之所論著又自成一家言以故翻譯之本不行於世其殘缺宜也今爲博訪專門之裔攷究其原書以補其脫落正其訛舛爲回回歷法著於篇

明史歷志後論

明制歷官皆世業成弘間尚能建脩改之議萬歷以後則皆專己守殘而已其非歷官而知歷者鄭世子而外唐順之周述學陳壤袁黃雷宗皆有著述唐順之未有成書其議論散見周述學之歷宗通議歷宗中經袁黃著歷法新書其天地人三元則本之陳壤而雷宗亦著合璧連珠歷法皆會通回回歷以入授時雖不能如鄭世子之精微其于中西歷理亦有所發明邢雲路古今律歷攷或言本出魏文魁手文魁學本膚淺無怪其所

疏授時皆不得其旨也

明史歷志附載西洋法論

西洋人之來中土者皆自稱甌羅巴人其歷法與回回同而加精密先臣梅文鼎曰遠國之言歷法者多在西域而東南北無聞唐之九執歷元之萬年歷及洪武間所譯回回歷皆西域也蓋堯命羲和仲叔分宅四方而羲和羲叔和叔則以嵎夷南交朔方爲限獨和仲曰宅西而不限以地豈非當時聲教之西被者遠哉至于周末疇人子弟分散西域天方諸國接壤西陲非若東南有大海之阻又無極北嚴凝之畏則抱書器而西征勢固便也臣惟甌羅巴在回回西其風俗相類而好奇喜新競勝之習過之故其歷法與回回同源而世世增修遂非回回所及亦其好勝之俗爲之也羲和

既失其守古籍之可見者僅有周髀而西人渾蓋通憲之器寒熱五帶之說地圓之理正方之法皆不能出周髀範圍亦可知其源流之所自矣夫旁搜博採以續千百年之墜緒亦禮失求野之意也故備論之

明史天文志論

自司馬遷述天官歷代作史者皆志天文惟遼史獨否謂天象昭垂千古如一日食天變既備著本紀則天文志近於衍其說頗當夫周髀宣夜之書安天穹天昕天之論以及星官占驗之說晉史已詳又見隋志謂非衍可乎論者謂天文志首推晉隋尚有此病其他可知矣然因此遂廢天文不志亦非也天象雖無古今之異而談天之家測天之器往往後勝于前無以志之

使一代制作之義泯焉無傳是亦史法之缺漏也至於彗孛飛流暈適背抱天之所以示儆戒者本紀中不可盡載安得不別志之明萬歷間西洋人利瑪竇等入中國精于天文歷算之學發微闡奥運算制器前此未嘗有也兹掇其要論著于篇而靈臺候簿所記天象星變殆不勝書擇其尤異者存之日食備載本紀故不復書

明史天文志客星論

史記天官書有客星之名而不詳其形狀敍國皇旬始諸星甚悉而無瑞星妖星之名然則客星者言其非常有之星殆諸星之總名而非有專屬也李淳風志晉隋天文始分景星含譽之屬爲瑞星彗孛國皇之類爲妖星又以周伯老子等爲客星自

謂本之漢末劉叡荆州占。夫含譽所謂瑞星也。而光芒似彗。國皇所謂妖星也。而形色類南極老人。瑞與妖果有定哉。且周伯一星也。旣屬之瑞星而云其國大昌。又屬之客星而云其國兵起有喪。其說如此。果可爲法乎。馬遷不復區別。良有以也。今按實錄。彗孛變見特甚。皆別書。老人星則江以南常見。而燕京必無見理。故不書。餘悉屬客星而編次之。

明史天文志凌犯論

按兩星經緯同度曰掩。光相接曰犯。亦曰凌。緯星出入黃道之南北。凡恒星之近黃道者。皆其必由之道。凌犯皆由于此。而行遲則凌犯少。行速則多。數可預定。非如彗孛飛流之無常。然則天象之示儆戒者。應在彼而不在此。歷代史志凌犯多繫以事應非傳會卽偶中爾茲取緯星之掩犯恒星者次列之比事以觀其有驗者十無一二後之人可以觀矣至於月道與緯星相似而行甚速其出入黃道也二十七日而周計其掩犯恒星殆無虛日豈皆有休咎可占今見于實錄者不及百分之一然已不可勝書故不書

上國史館副總裁書

前者獲親塵誨受益宏多承發鑒定時憲志二冊並諭因公冗未能親看屬門下某訂定回寓展閱筆墨淋漓隨意揮灑可稱快士但事關

國史未可輕率素叨知愛何敢不竭其愚計所批八紙其前三紙欲去總論沿革齊政先資諸標目暨其詳見數理精蘊文多

不能備述二語無關緊要已如批删去又一紙行度訛行種係謄錄筆誤已改正其餘四紙頗有未安謹錄原批分析條議如左伏乞高明撥冗詳察一一賜教以便進止不勝幸甚

原批云史之有志只志一事之始終而詳其條理不必以圖也况八線諸圖非通於算法者雖觀之亦不能曉徒多紛紛耳前史律歷志非不能爲圖以其載之無益故去圖而只著其說不但於義已足而于體尤宜故圖可竟去

按史志只志一事之始終二語非熟於史者不能道但以去圖爲合體似有未盡攷明史歷志備載割圓弧矢月道距差諸圖如以圖爲非體豈

本朝勅脩之書不足爲法歟夫作史之法疑以傳疑信以傳信

古歷未嘗有圖作史者固弗能增明歷有圖則史氏亦不能去也今謂前史非不能爲圖因載之無益而去之其果有所見而云然耶至謂圖非通斯學者不能曉徒多紛紛去圖存說而義已足則更不可解吾聞立象盡意得意可以忘象立言明象得象可以忘言旣通其學何事于圖圖爲初學設也善觀圖者無所用說說爲不善觀圖者設也乃若所云得毋于古訓戾乎矧圖于說之相因猶皮與毛之相屬皮之不存毛于何附故欲去圖須併去說斯志可以不作矣夫圖象開書契之先聖人贊易全憑觀象若圖果無益則伏羲文王殊爲多事而周邵程朱之盡心于太極先天後天諸圖者又何若是其紛紛哉我

聖祖仁皇帝憫絕學之失傳留心探索四十餘年始作圖立說

以闡明千古不傳之秘其精義之昭著燦若日星今未嘗寓目輒云圖不可曉與自閉其目而謂日星無光者何異且人臣恭紀

御製如繪天地之容雖極力摹畫猶恐不能表揚於萬一而顧欲削趾就屨併本來之面目失之以致學之續者復絕理之明者復湮孤負

先帝嘉惠萬世之盛心其關係良非淺鮮高明其孰籌之

原批云卷帙或繁釐分上下舊史有之但加編字即似私家所著非國史例也宜只云日躔上爲允餘倣此

按攷成上編下編係

聖祖仁皇帝御製書名所載者康熙年間之法攷成後編係

世宗憲皇帝續修書名所載者雍正年間之法並詳首卷今所云上編下編後編者是仍其名與前史因卷帙繁而分上中下者有別並非另加編目且係御製書名似無嫌同于私家所著可否仍存編字處幸再加詳度

原批云古言天有九重至揚雄作太元始列九天之名太元之書本與歷準然雄所云九天非推數之本也若今西法所言九重以測恒星七政各有高下云云　圜則九重見於楚辭而歷舉九重次第則肇于西士四語以此易之

按揚雄作太元本以準易先儒因八十一家之數與太初日法偶合故有準太初作太元之語非通論也且九天之名不一初

非始于揚雄況太元所刻晬天廓天諸名亦如釋家三十三天忉利天之類與九重之義全無干涉似難牽合

原批云旣云掩之食之者必在下月最居下故能掩日光而使之食然則日在月上又何以掩月而食之此處置論終不分明

按月食爲月入闇虛非由日掩人人共知本自分明似無庸再爲置論

時憲志用圖論

客問於梅子曰史以紀事因而不創聞子之志時憲也用圖此固廿一史所無而子創爲之宜執事以爲非體而欲去之也而子固執已見復呶呶上言獨不記昌黎之自訟乎吾竊爲子危

之梅子曰吾聞史之道貴信而其職貴直余不爲史官久矣史館總裁謂時憲天文兩志非專家不能辦不以余爲固陋而委任之余旣不獲辭不得不盡其職今客謂舊史無圖而疑余之創竊謂史之紀事亦視其信否耳因創非所計也夫後史之增于前者多矣漢書十志已不侔于八書而後漢之皇后本紀與魏書之志釋老唐書之傳公主宋史之傳道學並皆前史所無又何疑於國史用圖之爲創哉且客未讀明史耶明史於割圓弧矢月道距差諸圖備載歷志何明史不嫌爲創而顧疑余爲創乎客曰後史增于前者必非無因若明史之用圖亦有說歟梅子曰疑以傳疑信以傳信春秋法也作史者詎能易之古之治歷者數十家大率不過增損日法益天周減歲餘以求合一

時而已即太初之起數鍾律大衍之造端蓍策亦皆牽合並未能深探天行之故而發明其所以然之理本未嘗有圖史臣何從取圖而載之至元郭太史之脩授時不用積年日法全憑實測用句股割圓以求弦矢于是有割圓諸圖載於曆草作元史時不知採摭則宋王諸公之疎也明之大統實即授時本朝纂脩明史諸公謂其義非圖不明舊史雖無圖而表亦圖之類也遂採諸曆草而入於志其識見實超凡俗復經聖君賢相爲之鑒定不以爲非體而去之俾精義傳于無窮洵足開萬古作史者之心胸矣至于時憲之法更不同于授時其立法之奇妙義藴之奥衍悉具于圖何可去之如必以去圖爲合體豈以明史爲非體而

本朝之制不足法歟且客亦知時憲之圖所自來乎我
聖祖仁皇帝憫絕學之失傳留心探索四十餘年見極底蘊始
親授儒臣作圖立說以闡明千古不傳之秘所謂
御製歷象攷成者也余固親承
聖訓實與彙編之列彼前輩纂脩明史尚不忍沒古人之善不
惜創例以傳之而余以承學之臣恭紀
御製顧恐失執事之意而遷就迎合以致
聖學不彰使後之學者不得普沾嘉惠尚得謂之信史乎不信
之史人可塞責而何用余越俎而代之余之呶呶非沽直也不
得已也然則韓子之自訟亦謂其言之可已者耳使韓子果務
爲容悅以求倖免則諍臣之論佛骨之表又何爲若是其侃侃

哉客唯唯而退

歷象攷成論

五紀之法尚矣三代以前悉燬於秦至漢洛下閎造太初歷運算轉策紬績日分日辰之度與夏正同嗣後代有改作造法者七十餘家雖踵事增脩往往較前爲密然皆祖述太初損益閏餘增改日法以求合一時故行之不久而差忒立見元郭守敬造授時法不用積年日法即以至元辛巳爲元惟順天以求合不爲合以驗天是以高出諸家之上有明之大統實因之崇禎中大學士徐光啓奉命譯西洋新法書成未用我

朝定鼎頒行天下即時憲書也康熙初年疇人與西洋人爭訟互訐致成大獄

聖祖仁皇帝徧詢朝臣。莫有知其是非者。
聖心閔焉。于萬幾之暇。研幾搜討。廣延宣問。歷數十年不倦。遂
造精微。乃
御製三角形論。有曰。論者謂今法古法不同。殊不知原自中國
流傳西土。西人守之不失。歲歲增修。以致精密。毋庸岐視。以徐
光啟所譯之書。語多晦澁。譌舛難讀。所用根數及諸表。多有未
確。乃徵嵩門之裔。供奉
內廷。出中秘書
親爲指授。令督率攻取算法人等。開館于　蒙養齋。測量日星。
攻驗較算。以定諸根。復遣官往浙江閩蜀嶺南。分測日影月食。
以定諸差。凡躔離朓朒交會之原。五緯伏見遲留之故。逐一詮

解曰呈
御覽親加點定成書四十餘卷
賜名歷象考成省曰考成其法之精說之詳有非元之授時所可同日語者夫不齊者數也難明者理也有定者法也理不明法不可得而立法不立數不可得而齊今既明其理復立其法不惟現在之數已齊而按其理循其法隨時推測修改雖數千百年之後數之不齊者皆可得而齊之苟非
聖學高深心通造化又安能發千古不傳之秘而成　昭代不刊之典哉殆與放勳之命羲和重華之齊七政先後同揆矣

斗建論

以十二支爲十二月之建正月自應建寅無關斗柄論語行夏

集註謂初昏斗柄建寅爲歲首者未深考也蓋十二支分屬五行以配四方四時由來尚矣如堯典申命羲和以四方屬四時旣以仲春居正東爲卯月則孟春安得不居東北爲寅月乎又考史記律書分疏十二月律呂干支之義兼八風二十八舍以爲之說而並不言斗建惟天官書有用昏建者杓夜半建者衡平旦建者魁及攝提直斗杓所指以建時節之語嘗以辰次考之北斗杓入壽星衡入鶉尾魁入鶉火若初昏杓指寅則夜半衡指午平旦魁指戌其所指不同如此將以何者爲月建乎然則其所謂杓建云云者不過舉北斗首中末三星于昏旦夜半三時恰臨寅午戌三方以見斗爲帝車能運中央以建時節之大槩耳未嘗言三時同指一方以爲月建也三星必無三時同指一方之理言俱

指寅者。正義之臆說也。夫北斗隨天左旋。雖月移一辰。然與月建無涉。蓋月建一定不易。而恒星歲歲有差。又安能使孟春初昏斗柄常指寅乎。按論語注疏。只言以建寅之月為正。原無斗柄初昏四字。故曰集註未深考也。又按月令。鄭注云孟春者。斗建寅之辰。亦無初昏建寅之語。而孔疏則云。孟春者夏正建寅之月。并斗字去之。至陳澔集註則只用孔疏。殆已知鄭說之無當矣。

里差論

里差者。因人所居有東西南北之不同。則天頂地平亦異。地在天中體圓而小。隨人所立。凡目力所極。適見天體之一半。則與平面無異。故名地平。可以計里而定。地差二百里。則天頂差一度。故名里差。其所關于仰觀甚鉅。蓋恒星之隱見。南行二百里。則北極低一度。南星多見。一度。北行二百里反是。晝夜之永短。北極高則永短之差多。北極低則永短之差少。七曜之出沒。節氣之早晚。偏東則諸曜早見。而節氣遲。偏西反是。交食之深淺先後日食隨地各異。月食天下皆同。而見食有先後。莫不因之而各殊焉。惟得其差之數。則其各殊之數。皆可預知。不致詫爲失行而生飾說矣。新法算書所載各省北極高度及東西偏度。大槩據輿圖道里定之。多有未確。今以康熙年間實測各省及諸蒙古之高度偏度。列于左。

北極高度

京師高三十九度五十五分

盛京高四十一度五十一分

山西高三十七度五十三分三十秒

朝鮮高三十七度三十九分十五秒

山東高三十六度四十五分二十四秒

河南高三十四度五十二分二十六秒

陝西高三十四度十六分
江南高三十二度四分
四川高三十度四十一分
湖廣高三十度三十四分四十八秒
浙江高三十度十八分二十秒
江西高二十八度三十七分十二秒
貴州高二十六度三十分二十秒
福建高二十六度二分二十四秒
廣西高二十五度十三分七秒
雲南高二十五度六分
廣東高二十三度十分

布龍看布爾嘎蘇泰高四十九度二十八分

厄格塞楞格高四十九度二十七分

桑金答賴湖高四十九度十二分

肯忒山高四十八度三十三分

克爾倫河巴拉斯城高四十八度五分三十秒

圖拉河韓山高四十七度五十七分十秒

喀爾喀河克勒和邵高四十七度三十四分三十秒

杜爾伯特高四十七度十五分

鄂爾昆河厄爾得尼招高四十六度五十八分十五秒

空各衣扎布韓河高四十六度四十二分

扎賴特高四十六度三十分

推河高四十六度二十九分二十秒
科爾沁高四十六度十七分
郭爾羅斯高四十五度三十分
阿祿科爾沁高四十五度三十分
翁機河高四十五度三十分
薩克薩圖古里克高四十五度二十三分四十五秒
烏朱穆秦高四十四度四十五分
蒿齊忒高四十四度六分
古爾班賽堪高四十三度四十八分
巴林高四十三度三十分
扎魯特高四十三度三十分

阿霸哈納高四十三度二十三分
阿霸垓高四十三度二十三分
奈曼高四十三度十五分
克西克騰高四十三度
蘇尼特高四十三度
哈密城高四十二度五十三分
翁牛特高四十二度三十分
敖漢高四十二度十五分
喀爾喀高四十一度四十四分
四子部落高四十一度四十一分
喀喇沁高四十一度三十分

毛明安高四十一度十五分

吳喇忒高四十度五十二分

歸化城高四十度四十九分

土默特高四十度四十九分

鄂爾多斯高三十九度三十分

阿蘭善山高三十八度三十分

東西偏度偏于京師之東西也

盛京偏東七度十五分

浙江偏東三度四十一分二十四秒

福建偏東二度五十九分

江南偏東二度十八分

山東偏東二度十五分
江西偏西三十七分
河南偏西一度五十六分
湖廣偏西二度十七分
廣東偏西三度三十三分十五秒
山西偏西三度五十七分四十二秒
廣西偏西六度十四分四十秒
陜西偏西七度三十三分四十秒
貴州偏西九度五十二分四十秒
四川偏西十二度十六分
雲南偏西十三度三十七分

朝鮮偏東十度三十分
郭爾羅斯偏東八度十分
扎賴特偏東七度四十五分
杜爾伯特偏東六度十分
扎魯特偏東五度
奈曼偏東五度
科爾沁偏東四度三十分
敖漢偏東四度
阿祿科爾沁偏東三度五十分
喀爾喀河克勒和邵偏東二度四十六分
巴林偏東二度十四分

喀喇沁偏東二度

翁牛特偏東二度

烏朱穆秦偏東一度十分

克西克騰偏東一度十分

蒿齊忒偏東三十分

阿霸哈納偏東二十八分

阿霸垓偏東二十八分

蘇尼特偏西一度二十八分

克爾倫河巴拉斯城偏西二度五十二分

四子部落偏西四度二十八分

歸化城偏西四度四十八分

土默特偏西四度四十八分
喀爾喀偏西五度五十五分
毛明安偏西六度九分
吳喇忒偏西六度三十分
肯忒山偏西七度三分
鄂爾多斯偏西八度
圖拉河韓山偏西九度十二分
翁機河偏西十一度
古爾班賽堪偏西十一度
布龍看布爾嘎蘇泰偏西十一度二十二分
阿蘭善山偏西十二度

厄格塞楞格偏西十二度二十五分

鄂爾昆河厄爾德尼招偏西十三度五分

推河偏西十五度十五分

桑金答賴湖偏西十六度二十分

薩克薩圖古里克偏西十九度三十分

空各衣扎布韓河偏西二十度十二分

哈密城偏西二十二度三十二分

儀象論

齊政授時。儀象與算術並重。蓋非算術無以預推其節候。以前民用。非儀象無以測現在之行度。以驗推步之疏密。而爲修改之端也。虞書璿璣玉衡爲儀象之權輿。其制不傳。漢人創造渾天儀即璣衡遺制唐宋皆倣爲之至元始有簡儀仰儀闚几景符等器視古加詳矣明於齊化門即今之朝陽門南倚城築觀象臺倣元制作渾儀簡儀天體三儀置于臺上臺下有晷影堂圭表壺漏國初因之康熙八年命造新儀十一年告成安置臺上其舊儀移置他室藏之新儀有六一曰黃道經緯儀儀之圈有四圈各分四象限限各九十度其外大圈恒定而不移者名天元子午規外徑六尺規面厚一寸三分側面寬二寸五分規之下半夾入于雲座仰載之半圓前後正直子午上直天頂從天頂北下數五十度定北極從天頂南下數一百三十度定南極此赤道極也次爲過極至圈圈平分處各以鋼樞貫于赤道之南北極又依黃赤大距度于過極至圈上定黃道之南北極距黃極

九十度安黃道經圈與過極至圈十字相交各陷其中以相入令兩圈合爲一體旋轉相從經圈之兩側面一爲十二宮一爲二十四節氣其兩交處一當冬至一當夏至此第三圈也第四爲黃道緯圈則以鋼樞貫於黃極爲圈之徑爲圓軸圍三寸軸之中心立圓柱爲緯表與緯圈側面成直角而經圈緯圈上各設遊表儀頂更設銅絲爲垂綫全儀以雙龍擎之復爲交梁以立龍足梁之四端各承以獅仍置螺柱以取平（視垂綫或有偏側則轉螺柱或起或落以正其垂綫則儀自直矣）

一曰赤道經緯儀儀有三圈外大圈者天元子午規也以一龍南向而負之規之分度定極皆與黃道儀同去極九十度安赤道經圈與子午規十字相交恒定不動經圈之內規面及上側面皆鋟二十四時時各四刻外規面分三百

六十度内安赤道緯圈以南北極爲樞而可東西遊轉與經圈内規面相切緯圈徑亦爲圓軸軸中心亦立圓柱以及遊表垂綫交梁螺柱等法皆同黄道儀一曰地平經儀儀止用一圈即地平圈全徑六尺其平面寛二寸五分厚一寸二分分四象限各九十度以四龍立於交梁以承之梁之四端各施取平之螺柱而梁之交處則安立柱高與地平圈等適當地平圈之中心又于地平圈上東西各立一柱約高四尺柱各一龍盤旋而上從柱端各伸一爪互捧圓珠下有立軸其形扁方空其中如窻櫺以安直綫軸之上端入于珠下端入立柱中心令可旋轉而軸中之綫恒爲天頂之垂綫焉又爲長方横表長如地平圈全徑厚一寸寛一寸五分中心開方孔管于立軸下端使隨立

軸旋轉復刻其兩端令鋭以指地平圈之度分又自兩端各出一綫而上會于立軸中直綫之頂成兩三角形凡測一星則旋轉遊表使三綫與所測之星參相直乃視表端所指即其星之地平經度也一曰地平緯儀即象限蓋取全圈四分之一以測高度者也其弧九十度其兩邊皆圓半徑長六尺兩半徑交處爲儀心儀架東西立柱各以二龍拱之上架横梁又立中柱上管于横梁令可轉動儀安柱上儀心上指儀之兩邊一與中柱平行一與横梁平行又於儀心立短圓柱以爲表又加窺衡長與半徑等上端安于儀心刻其下端以指弧面度分更安表耳于衡端欲測某物或日或月或星乃以窺衡上下遊移從表耳縫中窺圓柱令與所測之物相參直其衡端所指度分即其物之高度

也一日紀限儀紀限儀者全圓六分之一也其弧面爲六十度一弧一幹幹長六尺即全圓之半徑弧之寬二寸五分幹之左右細雲糾縵纏連蓋藉之以固全儀者也幹之上端有小横與幹成十字儀心與衡兩端皆立圓柱爲表而弧面設遊表三承儀之臺約高四尺中植立柱以繫儀之重心則左右旋轉高低斜側無所不可故又名百遊儀爲一日天體儀儀爲圓球徑六尺面布黄赤經緯度分宫別次星宿羅列宛然穹象故以天體名之中貫鋼軸露其兩端以屬於子午規之南北極子午規與黄道儀同令可轉運座高四尺七寸座上爲地平圈寬八寸當子午處各爲闕以入子午規闕之度與子午規之寬厚等則兩圈十字相交内規面恰平而左右上下環抱乎儀周圍皆空五分以便高

弧遊表進退又安時盤于子午規外徑二尺分二十四時以北極爲心其指時刻之表亦定于北極令能隨天轉移又能自轉爲座下復設機輪運轉子午規使北極隨各方出地度升降則各方天象隱現之限皆可究觀尤爲精妙康熙五十四年西洋人紀理安欲炫其能而滅棄古法復奏製象限儀遂將臺下所遺元明舊器作廢銅充用僅存明倣元製渾儀簡儀天體三儀而已所制象限儀成亦置臺上

按明史云嘉靖間修相風杆及簡渾二儀立四丈表以測晷影而立運儀正方案懸晷偏晷盤晷具備于觀象臺一以元法爲斷余于康熙五十二三年間充蒙養齋彙編官屢赴觀象臺測驗見臺下所遺舊器甚多而元制簡儀仰儀諸器俱

有王恂郭守敬監造姓名雖不無殘缺然覩其遺制想見其創造苦心不覺肅然起敬也乾隆年間監臣受西洋人之愚屢欲撿括臺下餘器盡作廢銅送製造局廷臣好古者聞而
奏請存留禮部奉
敕查撿始知僅存三儀殆紀理安之燼餘也夫西人欲藉技術以行其教故將盡滅古法使後世無所考彼益得以居奇其心叵測乃監臣無識不思存什一于千百而反助其爲虐何哉乾隆九年冬奉
旨移置三儀於紫微殿前古人法物庶幾可以千古永存矣

天官書論

余讀史記歷書天官書竊怪歷書過于略而天官過于詳世皆

謂司馬氏世爲天官又與聞脩歷乃歷書不過櫽括詔書數語于積年日法以及推步之術漫無一言至天官之書則述不經之談娓娓不倦爲後世妄言禍福者所藉口何其悖也及讀自序暨漢書律歷志方知史公原不知歷而天官書則皆唐都王朔魏鮮三家之説自序云重黎氏世序天地至周宣王時失其守而爲司馬氏世典周史至談爲太史公學天官於唐都律歷志云詔卿遂遷與典星射姓等議造漢歷姓等奏不能爲算願募治歷者乃選二十餘人方士唐都巴郡洛下閎與焉都分天部閎運算轉歷由是觀之太初乃閎所造都不知歷故獨分天部都尚不知歷而況學于都者乎其所謂世掌天官者不過推本其先世乃重黎氏非司馬氏也後人不察因謂彼世爲天官

言當不妄其實非也歷與天文各爲一家治天文者不知七政有一定之行度往往憑臆而談而治歷者則有理可推有數可稽可以預知可以共曉而影射疑似之見不可參入故不道天文災祥之說天官書曰心宿不欲直直則天王失計老人見治安不見兵起又五星皆有當居不居不當去去之之占以歷法案之恒星經緯皆有常度初無變動老人星江以南三時盡見五星之遲留伏逆皆有本行可推步並無當居不居不當去去之之事諸如此者不可枚舉倘史公知歷必不爲此支離之說以貽譏于後世矣然則天官一書豈盡不足信乎非也其書分三段前段占星中段占氣末段占歲而後總論曰漢之爲天數者星則唐都氣則王朔占歲則魏鮮于以見其書爲三家之說

其序列星位座雖不備，然句中有圖言五星無出而不反逆行，逆行必盛大而變色，言雲氣各象其山川，并驗之闤闠枯潤，人民草木禽獸服食，縣實去就，候歲始之雲風人聲驗歲美惡爲千里內占，則均于理可信。使史公當日取三家之說，去其紕繆，存其菁華，而証以古人名言，如管子所稱日變修德，月變省刑，星變結和，以及日月暈適雲風與政事俯仰之說，足以資儆戒、修人事、彌天災，則爲有物之言矣。然非深明此道者，固難以語此。

讀容齋隨筆論分野

容齋洪氏曰：十二國分野，上屬二十八宿，其爲義多不然，前輩固有論之者矣。其甚不可曉者，莫如晉天文志謂自危至奎爲娵訾于辰在亥衛之分野也屬并州且衛本受封于河内商虛後徙楚邱河内乃冀州所部東漢屬司隸其他邑皆在東郡屬兗州於并州了不相干而并州之下所列郡乃安定天水隴西酒泉張掖諸郡自係涼州耳按即古雍州又謂自畢至東井爲實沈於辰在申魏之分野也屬益州且魏分晉地得河内河東數十縣於益州何與而雍州爲秦其下乃列雲中定襄鴈門代太原上黨諸郡蓋又屬并州及幽州耳繆亂如此而出于李淳風之手豈非蔽于天而不知地乎

按文獻通考載州郡躔次謂陳卓范蠡鬼谷先生張良諸葛亮譙周京房張衡並云則其謬不始于淳風矣考列宿分野天官書屬十二州班志屬十二國本非一家之說原有異同

無知者合而一之。[illegible]方安定天水等郡本屬雍州。而列於并州之。[illegible]中定襄等郡本屬并州而列於雍州之下。殆謄錄互訛，遂致沿誤耳。總之天文家言多不經，無足論也。甲子春分識

終

兼濟堂歷算書刊繆引

兼濟堂歷算書者。魏公荔彤所刻先大父之書也。先大父著撰甚多。安溪相國李公撫畿甸時。為刻三角舉要等書計九種。校刻甚精。然其書板携歸安溪。不得流通。厥後方伯年公希堯。約監司王公希舜。魏公荔彤。同任剞劂之役。纔刻完筆算方程論數種。而年公被議以去。其事遂寢。而書板亦不知所在。然魏公雅好表彰絕學。曾許先人盡鐫所著。因從余弟玕成。索取已刻未刻諸稿數十種。付之梨棗。乃工未及竣。而遺罹廢。憂患擾攘。雖勉强卒事。而訛舛所不免矣。裒計所刻。幾二千篇。名之曰兼濟堂纂刻梅勿菴先生歷算全書。各卷之首。並列魏其輯。後學楊作枚學山訂補。蓋楊君素好歷算之學。嘗往來余家。予曾屬魏公任以校對。書名凡例。殆皆楊君所定也。惟是先大父嘗謂義理無窮。未有止境。隨時撰述。卷帙日增。自名曰叢書。今曰全書。非先人本指也。且著作未刻者尚多。兹刻實未嘗全。此名之不可不正者。又此書重刻者居其半。新刻者居其半。並無訂補處。而繆舛盈紙。蓋楊君未終局而去。故魏公序言校誤之客。殫鋏他門。思訪專家就正。其不能無憾。情見乎辭矣。今魏楊俱作古人。而書板又質他姓。不可得而修改。則傳訛沿誤。後學何賴焉。因彙集所辨別改正者為刊繆一書。另帙单行。俾觀覽原書者得以考。而魏公表彰絶學之盛心。亦可以無憾矣。是為引。

乾隆四年歲次已未孟秋宛陵梅瑴成撰

兼濟堂歴算書刊繆

宛陵梅瑴成循齋甫著

壻胡驊先驤雲校録

男梅鈖敬名

梅釴用和校字

命名之繆

凡本家自刻之書。其中縫皆刻梅氏歴算叢書。乃先人之意也。今名全書。甚屬無謂。宜仍改名叢書。

凡各卷之前。皆列魏荔彤輯。楊作枚訂補。夫全部彙刻多種。或可言纂刻。至於每卷。皆係成書。何纂輯之有。而訂補二字尤虚妄。只宜書魏某刻。楊某較字。

凡例之繆

按凡例十則。皆楊學山所撰而托之魏公者也。其第六則。言稿三十餘種。内已成書者十之四。稿畧具而未成書者十之六。學山為之訂補疏剔。義之未明者闡之。圖之未備者增之。文之缺畧者補之云云。全非事實。查其纂刻目録。共列三十種。除八線表一卷有目無書。解割圓之根一卷係學山之書。餘二十八種。内已刻之稿十四種。三角法舉要。弧三角舉要。環中黍尺。塹堵測量。歷學疑問。交會管見。春秋以來冬至考。交食蒙求。方程論。歷學駢枝。筆算。籌算。度算釋例。少廣拾遺。照依原稿寫刻者八種。方圓冪積。幾何補編。歷學疑問補。諸方日軌高度。五星紀要。七政細草補註。二銘補注。平立定三差解。彙輯小帙為一者惟六種。勾股闡微。揆日候星紀要。歲周地度合考。火星本法。歷學問。畬古算演畧。其小帙亦皆整齊之書。何得言成書者十之四。稿畧具而未成書者十之六乎。且其所疏者何義。所增者何圖。所補者何缺。何不逐條詮出。而顧為此渾淪之語乎。其意不過欲自炫其功以誇居停耳。然豈君子修辭立誠之道乎。

第七則。言弧三角舉要原是五卷。今增為六。查此書今仍是五卷。並無所增。又言句股測量原稿零星散軼。今增補為四卷。餘編亦多類此。查句股闡微四卷。惟第一卷係學山之書。其所謂增補者豈以此歟。然此乃借以自刻其書耳。並非本書有缺而待其增補也。其二三四卷雖彙刻多種。然皆完整小帙。並非零星散軼。何嘗用其增補一字。而猶謂餘編亦多類此。何其言之易耶。

第十則。言歷算之學。明理為要。似也。然理寓於數。離數何以明理。歷資於算。舍算何以知歷。而顧列算學於歷學之後可乎。

目録序次之繆

目録分為法原法數歷學算學四類。亦不的確。如以三角句股等書為法原列於前。以筆算籌算等書為算學列於後。獨不思三角句股能離算法以立說乎。苟不明乘除開方。而能讀句股之書乎。且又以八線表為法數。而註云續出尤無謂。夫校刊現在之書。而顧欲借他人之成書以備數乎。至其各類中序次前後。亦多參錯。如列句股於三角之後。列交會管見於蒙求之前。而歷學問答。反置於歷學諸書之後。種種倒置。難以枚舉。謹另酌定目録如左。

三角法舉要

弧三角舉要

環中黍尺

塹堵測量

幾何補編

方圓冪積

古算演畧

解割圓之根

歷法

歷學疑問

歷學駢枝

平立定三差解

二銘補注

春秋以來冬至考

算法諸書之繆

筆算五卷

此書李相國初刻於上谷。年方伯再刻於江寧。此係三刻。而卷首書輯書校正訂補。得毋妄乎。

第二卷四頁後八行。定位訛定一。

十九頁前十行。定位下注。五十兩訛五十石。

第四卷八頁後六行。第一層三字傍落丨。

此書。蔡君璣先於康熙庚申歲刻於江寧。行世四十餘年。豈復待其校正訂補乎。

籌算七卷

第一卷五頁前四行。餘二訛餘三。八頁後籌下併數第三行。〇。二四。訛。〇。三四。

第二卷一頁後解曰之前。落平方籌式四字一行。

第三卷十五頁後四行。有立方積落積字。

第五卷六頁後上圖。初商九字誤㊈。

第七卷十一頁前七行。除積八步。訛除積九步。

十三頁後四行。四十九等字。忽提起寫於兩圖之間。以致與前行不屬。甚繆。又注。壬癸子並同。訛壬癸子者同。

度算釋例二卷

此係年方伯已刻之書。現有年序。而亦漫加纂輯訂補字可乎。

第一卷四頁後。圖甚潦草。其乙甲線均分五分。作巳庚辛壬四點。分俱不勻。而壬點相差更遠。

第二卷流水號不另起。仍連一卷編號。甚繆。

四十二頁後六行。甲角訛庚角。

四十三頁後十一行。北訛比。

少廣拾遺一卷

此本家已刻之書。兹刻行款參差潦草。不如原刻遠甚。不惟無訂補之處。並未校對也。

第十五頁前六行小字。初商自乘。訛初商再乘。

第十七頁後。求三商少横直格。

第十八頁前。求四商少横格。

第十九頁後。求次商少直格。求三商少直格。又隅積與廉積位不對。

第二十一頁後。求次商少横直格。

第二十二頁前。求三商少直格。

第二十三頁後。求次商少直格。

第二十四頁後。求次商定率泛積俱少橫直格。

第二十六頁後。求次商少直格。

第二十七頁前。圖中多二橫線。後求次商少直格。

第二十九頁後。求次商少直格。

第三十頁前。求次商少直格。

第三十一頁前。多直格。後一行二行之間多直格。

第三十二頁後。多直格。

第三十三頁後。少直格。

第三十四頁前。少橫十五格。

第三十五頁後少横直格。三十六頁前同。
第三十七頁後少直格。三十八頁前同。

方程論六卷

此書初刻於安溪李安卿先生。再刻於方伯年公。此第三刻。有何舛缺。待其訂補耶。

九數存古序。第一頁後三行。行下術下俱多○。創下少○。學下多○。此篇只宜與古算器考方田通法等書類附。而乃入於方程之前。殊欠理會。

第一卷三頁後九行。減原地六畝。減訛除。六畝下多○。
第二卷五頁前六行。乙本數。乙訛一。後五行。寶泉訛寶錢。

十頁前十行。一類訛乙類。
十七頁前。第一和較行下。二行無甲。指三四兩行。其勾線誤合二四兩行。
第三卷十四頁後四行。般歷宜與五六行漢唐平寫。誤低一字。
十五頁前一行。貳廣訛二廣。三行餘陳訛與陳。八行内啟訛去啟。
十七頁前八行。貳廣訛二廣。
十八頁後五行。之法訛定法。
第四卷七頁後三行。二車訛三車。

十四頁後五行。桃負三十二。訛二十二。

二十四頁前十一行。餘四千。訛除四千。

三十二頁前八行。四寸二分。訛四分二分。

第五卷一頁後四行。又三日。訛又二日。

第六卷十九頁後十行。數如三西兵句。三下多〇。兵下少〇。

又是三下多〇。

三十四頁前一行。折下多〇。

三十六頁前七行。除下少〇。徑下多〇。

句股闡微四卷

句股闡微之名。楊學山之所立也。彙刻多種。其第一卷句股正義。係學山所著。爲人任校仇之役。而輒自刻己書。己屬不宜。即欲附驥。只應於本卷下注云。此卷係某所撰。竊附於此。庶爲近理。乃將著作之主名分注。而大書己名。有是理乎。

第一卷五頁前七行。落及己壬小方積六字。後六行句股上加短長字。殊贅。

九頁前三行。句弦和。訛句股和。

原稿内。有句弦較股弦較求諸數三法。又句弦和股弦和求諸數三法。又句股較弦和較求諸數及句股較弦和和求諸數各一法。圖解詳明。並棄置不錄。而乃自刻其所撰。

猶謂原稿零星散軼。賴其增補成書。何其妄也。

十頁後十一行。用長濶相差法求之得句。按所得者非句也。乃倍股弦較與句相差之數。而云得句誤矣。應於得下加七字。曰得數加倍股弦較為句。

第二卷前九頁俱無句圜。足徵其校對之荒疎矣。

四頁後十行。如半較。訛加半較。

七頁前九行。故下落折半二字。後二行同。

八頁前八行。甲丁句股和上落如後圖三字。後圖辛戊線太長。辛戊應與辛丁等。

原稿。此後尚有句弦較股弦較。及句弦和股弦和。又句股較弦和較。及句股較弦和和諸法。俱被學山刪去。葢為自刻其書地也。

此卷所載鮑法。畸零繁瑣。不如原法簡易。本無足深取。先大父猶為補例。且為之辭曰。所設殊新。亦足徵先人之虛公。樂道人善矣。

十二頁後五行注。倍積訛倍即。

十九頁後圖誤設。

第三卷一頁後圖。係二頁又法之圖。誤設於此。

十二頁後圖。少甲字。幷少辛甲巳甲二線。

十六頁前十一行。槩丙戊下少○。與巳丙下多○。後七行兩下少。。法下多。。

二十四頁前二行。壬庚訛壬寅。

二十五頁前十一行。庚丙和下少。。子庚較下多。。

二十七頁有圖無解。本不必載。即此可見悉聽梓人照草稿寫刻。任校仇者竟未寓目也。

第四卷三頁後。第一圖少辛字。

五頁後六行。心訛辛。七行同。八行辛訛心。

二十二頁十一行。第二層三一六。訛二一六。末層。。訛。一。

二十五頁前七八行。四步五分。訛四十五步。共七步半。訛四十八步。

二十六頁前一行。二率下注。戊丁四步即癸辛。落即癸辛三字。

前七行。二步七分半弱。訛八分弱。十一行。四分強。訛八分半弱。

二十七頁前二行。與前表。訛為前表。三行數下多辛丁二字。五行餘下少辛丁二字。七行得下少甲庚二字。四步下少庚乙二字。

前十一行。即坤戊。訛即丑戊。後七行。癸夘形。訛癸子形。

二十八頁後圖不如法。因所截尾箕之分大於辛壬。故尾斗平行線太近上。則箕乙斜線不過丁心尾斗兩線十字之交。而其理不著矣。

三十二頁通率表。係抄存中秘之書。非先大父所作。想因夾在諸稿本之中。學山不察而遂附於卷末耳。

三角法舉要五卷

此書係李相國所刻。無庸纂輯。惟卷末解測量全義一則係新增。中有夾襍語。想即其訂補者耶。後詳之。

第三卷七頁前九行。半總乘之。訛半總較之。

第五卷六頁前四行。於甲於乙。訛於申於乙。

七頁前四行。南樹直正午。北樹直正子。子午二字互訛。

十一頁後三行。至癸訛自癸。

二十四頁以後新增。係弧三角以加減代乘除之法。宜附於環中黍尺之後。不宜入此。

二十六頁前又按一段。暨後觀設例一段。俱非先人之筆。殆楊學山之所增也。何以知之。蓋以加減代乘除。其法簡妙。環中黍尺中論之詳矣。即本頁後又按。亦云實弧三角之大法。不應忽作不便於用之語。前後剌繆。況以弧度畸零取正餘弦須用中比例。謂之不便於用。尤為可咲。豈用乘除。弧度遂無畸零乎。取正餘弦遂可不用中比例乎。以加減代乘除。反謂之繁重。殊不可解。

弧三角舉要五卷

此李相國已刻之書。無庸纂輯。並無訂補處。

第一卷七頁前八行。合乙角。訛合一角。

環中黍尺六卷

此書前五卷。係李相國已刻之書。第六卷係纂輯零稿增入。亦無訂補處。

第二卷三頁。後圖落辛字。

第六卷係學山所輯。卷首加減捷法。論解頗欠明晰。似非先人原本。如謂癸丙存弧為黄赤距度之類。初學未易領會。謹為補解如後。

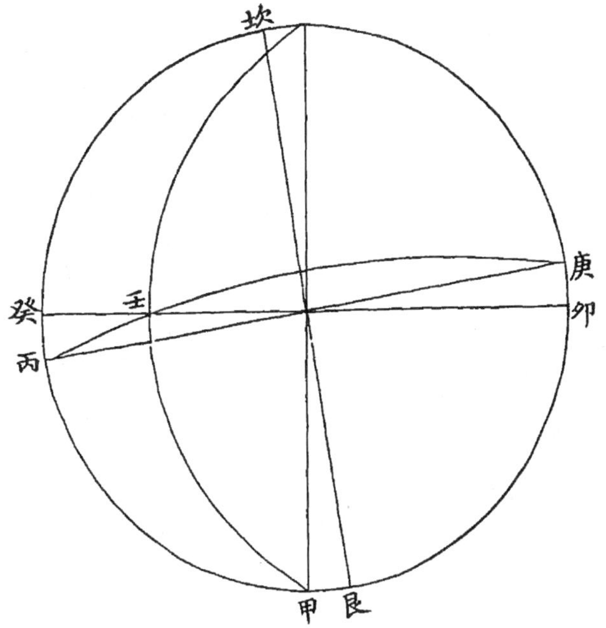

壬甲丙弧三角形。壬為天頂。甲為地平。帶食時月當地平如甲。故甲壬弧九十度為高弧全數。丙為北極。坎艮為赤道。丙甲弧為月距北極八十三度。則月距赤道之甲艮弧必七度也。又因甲壬弧適足象限。與赤道距北極等。故甲壬弧減去月距北極之丙甲弧。所餘癸丙存弧。即庚卯。必與月距北極之餘甲艮弧等。甲良弧者。黄赤距度也。交食時。月必當黄道。故月距赤道即黄赤距度。癸丙弧度與之等。故謂癸丙為黄道距度也。

塹堵測量二卷

此係李相國已刻之書。並無纂輯訂補處。

第二卷二頁後。立面有未卯句。未下多。卯下少。

幾何補編五卷

此整齊之書。不過照依稿本寫刻。並無纂輯訂補之處。

第一卷二頁前三行。為丙心之半。訛為乙甲之半。

第二卷十二頁後三行。為心子心丑。心下多。丑下少。

十四頁前二行。五十四度落度字。

二十一頁後三行。壬巳訛壬庚。
二十七頁前四行。三因四除之。落四除二字。
第三卷十一頁前三行。破倍角。訛倍破角。
十二頁後十一行。形訛刑。
十九頁前六行。面下多○。偏下少○。尖下多○。
二十三頁後圖。係二十等面體及十二等面體之圖。並非以邊切立方之圖。其標題俱誤。

方圓冪積一卷

此亦整齊之書。照稿寫刻。並無纂輯訂補之處。
第一頁後二行。一四一五九。訛一四五九。落一字。五行同。

二頁前二行。假如落如字。
三頁前一行。丙乙訛丙丁。十行渾員之徑下少。。
四頁前五行。凡訛凡。
六頁後十行。周八訛周四。
十六頁前方錐圖誤。改正如後。

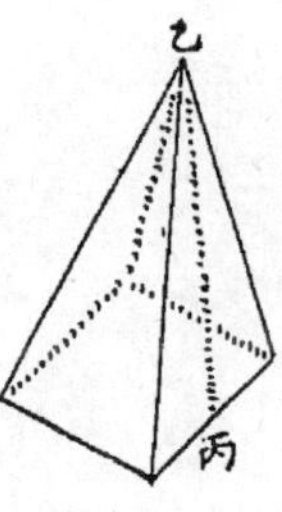

古算衍畧一卷
此合四種為一卷。或可言纂輯。並無訂補處。
解割圓八線之根一卷

此卷係學山所撰。即自署其名可也。並非先大父所著。即愚父子凡弟亦未寓目。何用如此假借乎。
按此卷所論。不過六宗三要之法。新法歷書中有大測一書。論之綦詳。先人所以不復論著也。至六宗最精者為理分中末線。已備論於幾何補編中。集中雖無此卷。並無所缺。

歷法諸書之繆

歷學疑問三卷

此係李相國所刻。蒙御筆點定之書。今翻刻。乃漫加纂輯訂正字。何憒憒至此。

第一卷十四頁前四行。十二月訛十一月。

第二卷三十八頁前六行註。凑於地心者。非謂地之中心。乃地平下半周天與地中心正對之處也。若從天頂出直線。過地中心而抵地下之半周天。必當其處。似宜名為天頂冲。免與地中之心相混。後一行三行六行地心字皆倣此。四十頁前一行。地心字亦宜改為天頂冲。四十二頁前五行同。

嗀成謹識

歷學疑問補二卷

此係整齊之書。照稿寫刻。並無纂輯訂補處。

第二卷二頁前九行。秋冬之名。訛秋冬正名。

三頁前八行注。如表訛如曆。

四頁前五行注。喉嚨訛嚨喉。

五頁前九行注。房心尾訛尾心房。

六頁前六行。宫訛官。

八頁前五行以後。或曰一叚。不必低一字寫。九頁後十行以下同。

歷學答問一卷

此一卷輯刻六種。然皆按原稿寫刻。並無訂補處。

第二頁前十一行。三百訛二百。

十六頁前八行。法曰應接前行寫。不應提起。

二十四頁答滄州劉介錫。宜另作一篇起。

三十二頁前五行。積候訛積修。後一行宜接前八行寫。忽空三行。不知何意。

三十三頁前四行。多下少〇。

七政細草補註一卷

第四頁前十行。即得減弧下少〇。半距下多〇。

六頁前九行。表説訛表説。後九行。行之全數三字。

十九頁後八行。三十。〇。度。訛三十一度。

交食蒙求三卷

此亦係李相國已刻之書。並無纂輯訂補處。

第一卷一頁前十行。目訛日。

第二卷流水號宜另起。今接一卷。誤。

三十二頁前七行。視行度與近時。訛視行度於近時。

三十七頁前一行。與訛于。二行同。

四十一頁後一行注。至此訛三此。

四十二頁前十一行。可以訛可一。

第三卷二十頁前二行。辛丁訛丁辛。

交會管見一卷

此本家已刻之書。並無纂輯訂補處。

第二十頁前圖。甲字宜移下與乙字平寫。

火星本法一卷

此卷彙刻火星本法。及七政前均簡法。上三星成統日圓象三種。而獨以火星本法為名者。任事者之荒繆也。其中前後顛倒。斷續舛誤。種種可咲。不惟未嘗訂補。並未嘗校對也。

第二頁前圖不如法。其井辛亥箕圈以甲乙為半徑。宜以甲為心。乙為界。今以春為界。誤也。

五頁前歷書之法。宜挨四頁前一行寫。今四頁只寫一行。全頁俱空。而從五頁另起。不知何意。

十二頁前。圖内子字宜移上挨乙丙線。
二十八頁。宜置二十一頁之前。
二十九頁。宜置二十三頁之前。
五星紀要一卷
此卷多出門人劉允恭手。非盡先人筆也。學山以為先大父晚年新說。殆未之深考耳。
第十六頁後四行弱有奇。行有奇一字。
二十三頁前八行。三十三分。訛二十三分。
揆日候星紀要一卷
此卷彙刻六種。然皆完整之書。並無訂補處。

第二頁後。冬至下左行。十二訛十三。

七頁前三行。陝西三十四度。訛三十六度。六行江西二十九度。四川三十一度。訛俱二十九度。七行貴州二十七度。訛二十四度。雲南二十五度。訛二十三度。

歲周地度合攷一卷

此卷彙刻六種。並無訂補處。觀二三四等頁四正相距日數。或書中積。或書中距。參差不一。可見依稿寫刻。未嘗訂正也。

第一頁後四行。未宮訛未寅。

三十七頁前五行注。正弦訛正弧。後八行。極高正割訛正弦。

諸方節氣加時日軌高度表一卷

此卷照依原稿寫刻。並無訂補處。

歷學駢枝四卷（書目云少參三韓金鐵山先生曾刻於保定。又書目係二卷。）

此李相國已刻之書。並無訂補處。惟日月食食分定用分說。及交食各圖。共十一頁。係新增。宜附四卷末。其流水號不必另起。今於中縫或編一卷。或編卷一。或無卷數。又另起流水。何舛繆至此。

各卷小目録。原本所無。可不必添。

第一卷一頁前。下層首行賤名訛玗字。

十二頁後九行。縮歷訛朔歷。

二十四頁後五行。月易及之。訛奇易及之。

第二卷二頁後三行。亦十五度。訛以十五度。

四頁後三行下。如月食月字缺。四行又字缺。五行交泛日。訛交泛者。

二十八頁後二行。加定訛加交。

第三卷七頁後三行。兩心訛丙心。

十六頁後十一行。角十二度。二字缺。

十七頁前七行。巤下小字。〇五訛五。

二十頁前一行下層末。二七訛七二。後三行三層。三四訛四三。

第四卷四頁前十行。四層二萬下小字。九八〇八。訛〇八〇。八。

八頁前九行。三層一百九五下小字。三九三三。訛三三三三。

平立定三差詳說一卷

此卷依稿寫刻。並無纂輯訂補處。

第一頁前十一行。歷訛曆。

第九頁前。盈縮招差圖不如式。今改正如後。

盈縮招差圖

法									
平差	一	一	一	一	一	一	一	一	一
立差	九	八	七	六	五	四	三	二	一
平差	二	二	二	二	二	二	二	二	定差
立差	十八	十六	十四	十二	十	八	六	四	
平差	三	三	三	三	三	三	三	定差	
立差	廿七	廿四	廿一	十八	十五	十二	九		
平差	四	四	四	四	四	四	定差		
立差	三十六	三十二	廿八	廿四	二十	十六			
平差	五	五	五	五	五	定差			
立差	四十五	四十	三十五	三十	廿五				
平差	六	六	六	六	定差				
立差	五十四	四十八	四十二	三十六					
平差	七	七	七	定差					
立差	六十三	五十六	四十九						
平差	八	八	定差						
立差	七十二	六十四							
平差	九	定差							
立差	八十一								
	定差								
實	九限	八限	七限	六限	五限	四限	三限	二限	一限

仰儀簡儀二銘補註一卷

此卷亦照依原稿寫刻。並無纂輯訂補處。

春秋以來冬至考一卷

此係本家已刻之書。無庸纂輯。亦無訂補處。又刪去春秋以來四字。殊繆。